军用机场道面再生混凝土技术

Technology of Recycled Concrete for Military Airfield Pavement

刘庆涛　蔡良才　吴永根　著

国防工业出版社

·北京·

图书在版编目（CIP）数据

军用机场道面再生混凝土技术 / 刘庆涛，蔡良才，吴永根著. -- 北京：国防工业出版社，2020.4
ISBN 978-7-118-12024-0

Ⅰ. ①军… Ⅱ. ①刘… ②蔡… ③吴… Ⅲ. ①军用机场－路面－再生混凝土－研究 Ⅳ. ① V351.11 ② TU528.59

中国版本图书馆 CIP 数据核字（2020）第 056211 号

※

国防工业出版社 出版发行
(北京市海淀区紫竹院南路 23 号　邮政编码 100048)
天津嘉恒印务有限公司印刷
新华书店经售
*
开本 710×1000　1/16　**印张** 9 ¾　**字数** 162 千字
2020 年 4 月第 1 版第 1 次印刷　**印数** 1—2000 册　**定价** 69.00 元

国防书店：(010) 88540777　发行邮购：(010) 88540776
发行传真：(010) 88540755　发行业务：(010) 88540717

致读者

本书由中央军委装备发展部**国防科技图书出版基金**资助出版。

为了促进国防科技和武器装备发展，加强社会主义物质文明和精神文明建设，培养优秀科技人才，确保国防科技优秀图书的出版，原国防科工委于1988年初决定每年拨出专款，设立国防科技图书出版基金，成立评审委员会，扶持、审定出版国防科技优秀图书。这是一项具有深远意义的创举。

国防科技图书出版基金资助的对象是：

1. 在国防科学技术领域中，学术水平高，内容有创见，在学科上居领先地位的基础科学理论图书；在工程技术理论方面有突破的应用科学专著。

2. 学术思想新颖，内容具体、实用，对国防科技和武器装备发展具有较大推动作用的专著；密切结合国防现代化和武器装备现代化需要的高新技术内容的专著。

3. 有重要发展前景和有重大开拓使用价值，密切结合国防现代化和武器装备现代化需要的新工艺、新材料内容的专著。

4. 填补目前我国科技领域空白并具有军事应用前景的薄弱学科和边缘学科的科技图书。

国防科技图书出版基金评审委员会在中央军委装备发展部的领导下开展工作，负责掌握出版基金的使用方向，评审受理的图书选题，决定资助的图书选题和资助金额，以及决定中断或取消资助等。经评审给予资助的图书，由中央军委装备发展部国防工业出版社出版发行。

国防科技和武器装备发展已经取得了举世瞩目的成就，国防科技图书承担着记载和弘扬这些成就，积累和传播科技知识的使命。开展好评审工作，使有限的基金发挥出巨大的效能，需要不断摸索、认真总结和及时改进，更需要国防科技和武器装备建设战线广大科技工作者、专家、教授，以及社会各界朋友的热情支持。

让我们携起手来，为祖国昌盛、科技腾飞、出版繁荣而共同奋斗！

国防科技图书出版基金

评审委员会

国防科技图书出版基金
第七届评审委员会组成人员

前　言

国外再生混凝土研究应用开展较早，相关理论技术较成熟，再生混凝土实际应用也较广泛，国内关于废弃混凝土回收利用的研究起步较晚，研究应用主要集中在低等级道路及基础、非承重结构和部分强度要求低的结构，而用于要求高的承重结构如高层房屋建筑、道路工程、桥梁工程特别是机场道面工程，还有一段路要走，还有很多工作要进一步完善。再生混凝土作为一种新型材料，由于再生骨料自身的复杂性、变异性，其性能和应用受到限制，因此十分有必要对其进行系统研究，为其在实际工程中全面推广应用提供理论与技术基础。为此，中央军委后勤保障部下达了相关研究任务，作者有幸承担理论分析和试验研究工作，较系统地对机场道面再生混凝土进行了初步的研究，本书即是相关研究工作的一个总结。

本书针对再生骨料缺点和机场道面要求，开展了军用机场道面再生骨料生产与性能研究，道面再生混凝土配合比设计与新拌道面再生混凝土性能研究，道面再生混凝土力学性能、长期性能与耐久性能研究，冻融、疲劳联合作用下道面再生混凝土的性能研究，道面再生混凝土微观结构研究，以及道面再生混凝土应用与评价分析。机场道面再生混凝土研究和应用过程中，得到各级机关、施工单位和空军工程大学航空工程学院机场建筑工程教研室等单位相关领导、老师、研究生的支持与帮助，在此向他们表示诚挚的谢意。

感谢中央军委装备发展部国防科技图书出版基金的资助，谨向国防工业出版社特别是牛旭东编辑在本书编辑出版过程中付出的辛劳表示诚挚的感谢。

混凝土材料领域是一个广阔的领域，本书的研究沿用和参考了很多同领域的前辈和目前混凝土科技工作者的方法和成果，在此表示衷心的感谢。

由于作者学识和水平有限，书中难免有不尽完善之处，请读者不吝赐教！

作者

2019 年 7 月

目 录

第 1 章 绪论 …… 1
1.1 再生混凝土的发展与研究应用 …… 1
1.1.1 混凝土材料的发展 …… 1
1.1.2 再生混凝土与可持续发展 …… 2
1.1.3 再生混凝土研究应用现状 …… 3
1.2 机场道面再生混凝土研究与应用 …… 11
1.2.1 当前机场道面工程建设中存在的问题 …… 11
1.2.2 道面再生混凝土研究目的与意义 …… 12
1.2.3 道面再生混凝土研究与应用现状 …… 12
1.3 本书的主要内容 …… 13
第 2 章 机场道面再生骨料的性能 …… 15
2.1 再生骨料的来源 …… 15
2.2 再生骨料的生产 …… 16
2.2.1 国内外再生骨料生产方法 …… 16
2.2.2 机场道面再生骨料的生产方法 …… 16
2.3 再生骨料的性能 …… 19
2.3.1 颗粒成分 …… 19
2.3.2 颗粒形状及表面织构 …… 20
2.3.3 粒径及级配 …… 21
2.3.4 表观密度和堆积密度 …… 22
2.3.5 吸水特性 …… 22
2.3.6 强度 …… 27
2.3.7 坚固性 …… 29
2.3.8 性能指标建议 …… 32
第 3 章 道面再生混凝土的配制 …… 34
3.1 材料 …… 34
3.1.1 水泥 …… 34

3.1.2 细骨料 …… 34
3.1.3 粗骨料 …… 35
3.1.4 粉煤灰 …… 35
3.1.5 外加剂 …… 36
3.2 配合比设计方法 …… 36
3.2.1 道面混凝土配合比设计方法 …… 37
3.2.2 再生混凝土配合比设计方法 …… 40
3.2.3 道面再生混凝土配合比设计方法 …… 41
3.3 基准配合比及道面再生混凝土配合比 …… 42
3.3.1 配合比设计指标 …… 42
3.3.2 天然骨料普通道面混凝土基准配合比 …… 43
3.3.3 道面再生混凝土配合比 …… 44
第4章 道面再生混凝土的性能 …… 46
4.1 含气量 …… 46
4.2 工作性 …… 48
4.2.1 工作性分析 …… 49
4.2.2 工作性经时损失 …… 49
4.3 强度 …… 51
4.3.1 强度分析 …… 51
4.3.2 强度发展规律 …… 54
4.3.3 水胶比对强度的影响 …… 57
4.3.4 再生骨料取代率对强度的影响 …… 59
4.3.5 强度的影响因素 …… 61
4.4 疲劳特性 …… 61
4.4.1 疲劳方程 …… 61
4.4.2 加载参数 …… 62
4.4.3 性能分析 …… 62
4.5 干燥收缩变形性能 …… 68
4.5.1 干燥收缩性能 …… 68
4.5.2 干燥收缩值的预测 …… 69
4.6 抗渗性能 …… 71
4.6.1 抗水渗透性能 …… 71
4.6.2 抗氯离子渗透性能 …… 72
4.7 抗冻性能 …… 73

4.7.1 研究方法 …… 73
4.7.2 抗冻性能 …… 76
4.7.3 基于 RSM 的道面再生混凝土抗冻性能分析 …… 79
4.7.4 试验现象与抗冻指标的讨论 …… 84
4.7.5 抗冻性能影响因素与提高措施 …… 85
4.8 耐磨性能 …… 87
4.9 冻融、疲劳联合作用下的性能 …… 88
4.9.1 研究方案 …… 88
4.9.2 性能分析 …… 89
4.9.3 动弹模量衰减模型 …… 97
第 5 章 道面再生混凝土结构与机理分析 …… 101
5.1 孔结构特性 …… 101
5.1.1 研究方法 …… 102
5.1.2 结果与分析 …… 102
5.2 微观结构分析 …… 109
5.2.1 普通道面混凝土 …… 109
5.2.2 道面再生混凝土 …… 110
5.2.3 同配比天然骨料道面混凝土 …… 113
5.3 性能机理分析 …… 113
第 6 章 道面再生混凝土应用与评价 …… 117
6.1 现场应用情况 …… 117
6.1.1 工程应用实例 …… 117
6.1.2 现场工程质量 …… 120
6.2 施工技术 …… 121
6.2.1 配合比设计 …… 122
6.2.2 材料准备 …… 122
6.2.3 混凝土的拌制 …… 122
6.2.4 混合料运输 …… 123
6.2.5 摊铺与振捣 …… 123
6.2.6 做面与抗滑处理 …… 124
6.2.7 养护 …… 124
6.3 技术经济性评价 …… 124
6.3.1 评价方法 …… 124
6.3.2 技术功效系数 …… 125

6.3.3 经济功效系数 …… 127
6.3.4 技术经济功效系数 …… 128
6.4 环境评价 …… 129
参考文献 …… 132

Contents

Chapter 1 Introduction ········ 1

1.1 Development, studies and application of recycled concrete ········ 1

1.1.1 Development of concrete ········ 1

1.1.2 Recycled concrete and sustainable development ········ 2

1.1.3 Status of studies and application of recycled concrete ········ 3

1.2 Studies and application of recycled concrete for airfield pavement ········ 11

1.2.1 Problems in the airfield pavement construction at present ········ 11

1.2.2 Aim and meaning of studies of pavement recycled concrete ········ 12

1.2.3 Status of studies and application of pavement recycled concrete ········ 12

1.3 Content of this book ········ 13

Chapter 2 Properties of recycled aggregate for airfield pavement ········ 15

2.1 Sources of recycled aggregate ········ 15

2.2 Production of recycled aggregate ········ 16

2.2.1 Production methods of recycled aggregate at home and abroad ········ 16

2.2.2 Production methods of recycled aggregate for airfield pavement ········ 16

2.3 Properties of recycled aggregate ········ 19

2.3.1 Components of particles ········ 19

2.3.2 Shape and surface texture of particles ········ 20

2.3.3 Size and grading ········ 21

2.3.4 Apparent density and bulk density ········ 22

2.3.5 Water absorption ········ 22

2.3.6 Strength ········ 27

2.3.7 Soundness ······ 29
2.3.8 Propositional indexes of properties ······ 32
Chapter 3 Making of recycled concrete for airfield pavement ······ 34
3.1 Materials ······ 34
3.1.1 Cement ······ 34
3.1.2 Fine aggregate ······ 34
3.1.3 Coarse aggregate ······ 35
3.1.4 Fly ash ······ 35
3.1.5 Admixtures ······ 36
3.2 Methods of mix proportion design ······ 36
3.2.1 Method of mix proportion design of pavement concrete ······ 37
3.2.2 Method of mix proportion design of recycled concrete ······ 40
3.2.3 Method of mix proportion design of recycled concrete for pavement ······ 41
3.3 Mix proportion of reference concrete and recycled concrete for pavement ······ 42
3.3.1 Targets of mix proportion design ······ 42
3.3.2 Mix proportion of reference normal pavement concrete ······ 43
3.3.3 Mix proportion of recycled concrete for pavement ······ 44
Chapter 4 Properties of recycled concrete for airfield pavement ······ 46
4.1 Air content ······ 46
4.2 Workability ······ 48
4.2.1 Analysis of workability ······ 49
4.2.2 Gradual loss of workability ······ 49
4.3 Mechanical properties ······ 51
4.3.1 Analysis of strength ······ 51
4.3.2 Mechanism of strength development ······ 54
4.3.3 Influence of the water-binder ratio on strength ······ 57
4.3.4 Influence of the replacement ratio of recycled aggregate on strength ······ 59
4.3.5 Affecting factors on strength ······ 61

4.4 Fatigue properties ······ 61
4.4.1 Fatigue equations ······ 61
4.4.2 Parameters of loading ······ 62
4.4.3 Analysis of fatigue ······ 62
4.5 Properties of dying shrinkage ······ 68
4.5.1 Drying shrinkage ······ 68
4.5.2 Forecast of drying shrinkage ······ 69
4.6 Impermeability ······ 71
4.6.1 Resistance to water penetration ······ 71
4.6.2 Resistance to chloride penetration ······ 72
4.7 Freezing and thawing resistance ······ 73
4.7.1 Methods of study ······ 73
4.7.2 Resistance to freezing and thawing ······ 76
4.7.3 Analysis of resistance to freezing and thawing by RSM ······ 79
4.7.4 Discussion of phenomenons and targets ······ 84
4.7.5 Factors and improving measures of Resistance to freezing-thawing ······ 85
4.8 Resistance to abrasion ······ 87
4.9 Properties effected by freeze-thawing and flexural fatigue ······ 88
4.9.1 Scheme of study ······ 88
4.9.2 Analysis of properties ······ 89
4.9.3 Attenuation models of dynamic elastic modulus ······ 97
Chapter 5 Microstructure and mechanism analysis of recycled concrete for airfield pavement ······ 101
5.1 Structure of voids ······ 101
5.1.1 Methods of study ······ 102
5.1.2 Results and analyse ······ 102
5.2 Analysis of microstructure ······ 109
5.2.1 Normal pavement concrete ······ 109
5.2.2 Recycled concrete for pavement ······ 110
5.2.3 The same mix proportion design of pavement concrete with natural aggregate ······ 113

5. 3 Analysis of mechanism ··· 113
Chapter 6 Application and evaluation of recycled concrete for airfield pavement ··· 117
6. 1 Applications in field ··· 117
6. 1. 1 Examples of engineering application ··· 117
6. 1. 2 Qualities of construction in field ··· 120
6. 2 Construction technology ··· 121
6. 2. 1 Mix proportion design ··· 122
6. 2. 2 Materials preparation ··· 122
6. 2. 3 Mixing of concrete ··· 122
6. 2. 4 Transportation of concrete ··· 123
6. 2. 5 Paving and vibration ··· 123
6. 2. 6 Operation of surface and skid-resistance ··· 124
6. 2. 7 Curing ··· 124
6. 3 Technical and economic evaluation ··· 124
6. 3. 1 Methods of evaluation ··· 124
6. 3. 2 Efficacy coefficient of technic ··· 125
6. 3. 3 Efficacy coefficient of economic ··· 127
6. 3. 4 Efficacy coefficient of technic-economic ··· 128
6. 4 Evaluation of environment ··· 129
References ··· 132

第1章　绪　论

1.1　再生混凝土的发展与研究应用

1.1.1　混凝土材料的发展

19 世纪 20 年代出现波特兰水泥后，水泥混凝土作为一种新型人造建筑材料，以其骨料可以就地取材、构件易于成型等突出优点，日益广泛应用于公路、桥梁、港口码头、石油平台、机场、大坝、地下工程等土建工程，是目前使用量最大的土木建筑材料，世界水泥产量从 1900 年的 0.1 亿 t 发展到 2010 年的 33 亿 t。世界建筑工业每年大约需要水泥质量 4 倍的砂石骨料来生产混凝土，按质量计，混凝土用量是钢材的 5 倍[1-5]。从某种程度上说，现代人类文明离不开混凝土，可以说“凡有人群的地方，就有混凝土在闪光”。但是，已故中国工程院资深院士、著名混凝土科学家吴中伟教授指出：水泥混凝土作为当今最大宗的人造材料，对资源、能源的需求和对环境的影响十分巨大[6]。

（1）生产水泥要消耗大量的矿物、能源，排放大量 CO_2 等污染物，对环境造成不利影响。据统计，目前世界上每年生产水泥排放的 CO_2 达 14 亿 t 以上，占世界 CO_2 总排放量的 7%。另外，还产生大量的粉尘、SO_2 和 NO_x 等污染物，对自然生态环境造成恶劣的影响[4]。

（2）混凝土结构寿命到期或者受到地震等自然灾害破坏后，产生大量的以水泥混凝土为主要成分的建筑垃圾，对环境造成很大的不利影响。有关资料显示，世界上每年拆除的废旧混凝土、新建建筑产生的废弃混凝土以及混凝土工厂、预制构件厂排放的废旧混凝土的数量是巨大的。例如：欧洲共同体废弃混凝土的排放量从 1980 年的 5500 万 t 增加到目前的 16200 万 t 左右，而废砖排放量将基本稳定在每年 5200 万 t 左右；美国每年约有 6000 万 t 废弃混凝土；日本每年约有 1600 万 t 废弃混凝土；德国每年拆除的废弃混凝土约为 0.3t/人；我国每年拆除建筑垃圾按 4000 万 t 计算，其中 34% 是混凝土块，则由此产生的废弃混凝土就有 1360 万 t，除此之外还有新建房屋产生 4000 万 t

的建筑垃圾所产生的废弃混凝土，同时预计今后混凝土碎块的产生量将增多[7]。2006 年 4 月在厦门召开的“建筑垃圾综合利用与新技术推广研讨交流会”上有最新资料显示我国每年因拆除建筑产生固体废弃物 2 亿 t 以上，新建建筑产生的固体废弃物约 1 亿 t，两项合计约 3 亿 t，这个数字是非常惊人的。按这一数据估算，仅废弃混凝土约有 1 亿 t[8]。截至 2014 年，我国建筑垃圾总量已经超过 15 亿 t，随着城市化进程的加快，预计 2020 年达到 20 亿 t 并趋于稳定，但我国建筑垃圾利用率不足 5%，与欧美利用率 70%以上有巨大差距。如此巨量的废弃混凝土如不利用，直接当作垃圾丢弃，除处理费用惊人外，还需要占用大量的空地存放，而且混凝土难以降解，引发十分突出的环境问题，并且随着建筑业的发展，废弃混凝土的量会越来越大，因此如何处理废弃混凝土的问题将更趋严峻。

（3）生产混凝土需要大量的砂石骨料，现在世界上每年生产和应用混凝土约 30 亿 m^3，约耗费 30 亿 t 粗骨料和 20 亿 t 细骨料。目前，美国每年需要骨料约 20 亿 t，到 2020 年将达到 25 亿 t[9]。我国每年约生产混凝土 13 亿 m^3，需 12 亿 t 粗骨料和 9 亿 t 细骨料，要耗费大量的天然资源。如果照这样继续发展下去，河砂要挖尽，青山将削平，开采、处理、运输骨料将消耗更多的能源，产生更多的温室气体，对生态环境带来恶劣的影响[10,11]。

1.1.2 再生混凝土与可持续发展

1992 年，联合国在巴西里约热内卢召开世界环境与发展会议后，绿色事业受到全世界的重视。绿色的含义随着人们认识的提高而不断扩大，吴中伟教授将其概括为[6]：①节约资源、能源；②不破坏环境，更应有利于环境；③可持续发展，保证人类后代能健康、幸福地生活下去。并指出，作为一种材料或一种产业，节约资源、能源也是为了本身能够持续存在和发展。水泥混凝土能否长期作为最主要的建筑材料，关键在于其能否成为绿色材料，吴中伟教授在国内首次提出“绿色高性能混凝土”的概念，为今后混凝土的发展指明了方向[6]。为此混凝土的生产必须从原始落后的，以消耗大量资源、能源为代价的粗放生产经营方式，向大量节约资源、能源，减轻地球环境负荷及维护生态平衡的具有最新、最高技术水平的生产经营方式发展，走“绿色”可持续发展的道路，而再生混凝土正适应这种最新的生产经营方式[7,12]。再生混凝土是将废弃混凝土块经破碎、清洗、分级和按一定比例配合后得到的“再生骨料”作为部分或全部骨料代替天然骨料配制的混凝土，也称再生骨料混凝土（Recycled Aggregate Concrete，RAC）[13]。相对于再生混凝土而言，把用来生产再生骨料的原始混凝土称为基体混凝土。再生混凝土充分利用了废弃建筑垃圾中的混凝土及其他能作为混凝土骨料的成分，完全满足“绿色”的三大含义，因此，可以说，在建筑工业材料重新使用方面，再生混凝土的研究应用开辟了一个全新的领域，是社会努力可持续发展方面的一个重要突破。再生混凝土是一种可持续发展的绿色环保混凝土，有利于全球的可持续发展。

1.1.3 再生混凝土研究应用现状

第二次世界大战后，苏联、美国、德国、荷兰、日本等国开始对废弃混凝土进行开发研究和再生利用。1976 年，国际材料与结构研究实验联合会（RILEM）设立“混凝土的拆除与再利用技术委员会”，着手研究废混凝土的处理与再生利用技术，至目前，该委员会已召开多次有关废弃混凝土再生利用的专题国际会议[17]。我国关于废弃混凝土回收利用的研究起步较晚，但再生混凝土现在也已经成为混凝土研究领域中的一个热点。有些国家还采用立法形式来保证此研究和应用的开展。再生混凝土技术已经成为国内外工程界和学术界关注的热点和前沿问题之一，并且取得了很多成果[8,13-22]。

1. 国外研究应用现状

美国自 1982 年起，在 ASTM-33-82（《混凝土骨料标准》）中将破碎的水硬性水泥混凝土包含在了粗骨料中。大约在同一时期，美国军队工程师协会（Society of American Military Engineers，SAME）也在相关规范和指南中鼓励使用再生混凝土骨料[13]。美国政府还制定了《超级基金法》，该法规定：任何生产有工业废弃物的企业，必须自行妥善处理，不得擅自随意倾倒。给再生混凝土的发展提供了法律保障[23]。

再生混凝土在美国交通建设中已被普遍使用。根据美国联邦公路局统计，美国现在已有超过 20 个州在公路建设中采用再生混凝土，其中 15 个州制定了关于再生骨料的规范[13,24]。密歇根州交通厅在 20 世纪 80 年代初利用再生混凝土重建了几条州际高速公路。用再生混凝土重铺的路段由于抗冻融循环能力较差，存在 D 型开裂的问题。为降低再生混凝土骨料对这一问题的敏感度，旧的路面材料须破碎成较小的粒径。横向裂缝有时是由于路面收缩引起的，因为再生混凝土骨料含有旧砂浆，收缩系数较大。虽然大多数再生混凝土路面性能是可以接受的，但这类路面有的损坏速度比预期的要快[24]。1985 年，堪萨斯州交通厅开始着手进行再生混凝土的研究，回收旧混凝土作为集料用于新建水泥混凝土路面。研究认为，将旧混凝土作为再生集料用于新建水泥混凝土路面面层或水泥处治基层，在技术上是可行的[25]。佛罗里达州交通厅试图最大程度上利用旧混凝土，因而在改建路面的施工中对其进行再生利用。研究者对再生混凝土骨料的各项性能进行了测试，努力确定切实可行且可靠的相应指标和规范标准。研究认为再生混凝土骨料同天然骨料相比，能满足大部分道路结构规范对混凝土骨料的要求。室内试验表明，柔性路面基层材料中也可以掺加再生骨料[26]。俄亥俄州交通厅对再生混凝土骨料在刚性路面中的应用展开了研究，结论认为新浇筑的混凝土中采用再生混凝土骨料是可行的[27]。

加拿大由于天然骨料供应充足，废弃混凝土往往作为填料或基层材料，再生混凝土的研究应用起步较晚，Ramtin Movassaghi 对钢筋再生混凝土构件的结构性能进行了研究[28]。Gholamreza Fathifazl，对钢筋再生混凝土的耐久性进行了研究[29]。

荷兰是最早开展再生混凝土研究和应用的国家之一，早在 20 世纪 80 年代，荷兰就制定了有关利用再生混凝土骨料制备素混凝土、钢筋混凝土和预应力钢筋混凝土的规范，明确规定了相关的技术要求，并指出，如果再生骨料在骨料中的含量不超过 20%（按重量计），混凝土的生产就应该按照普通天然骨料混凝土的设计和制备方法进行[13]。

在俄罗斯，早在苏联时期，就研究了将废弃混凝土作为混凝土骨料的可能性，20 世纪 70 年代末利用废弃混凝土约 4000 万 t[30]。后来主要研究了再生混凝土的配合比设计以及新拌再生混凝土的性能，结果表明随再生骨料含量在混合料中的增大，再生混凝土的抗压强度和弹性模量均逐渐减小。研究还发现，再生混凝土的密实度是小于普通混凝土的。新拌再生混凝土的工作性较差，这是由再生混凝土骨料的高吸水性引起的[13,24]。

德国由于第二次世界大战产生大量建筑垃圾，因而对建筑垃圾的再利用展开研究较早。早在 1948 年，学者 Graf 就研究了废弃混凝土中石膏含量对混凝土性能的影响，得出废弃混凝土中石膏的界限含量约为 1%（以 SO_3 含量计算），粉状石膏比粒状石膏更易导致混凝土的膨胀[31]。目前，德国将再生混凝土主要用于路面，德国钢筋混凝土委员会于 1998 年提出《在混凝土中采用再生混凝土骨料的应用指南》，要求采用再生骨料配成的混凝土必须完全符合天然骨料混凝土的国家标准[8,13]。

澳大利亚从 20 世纪 80 年代末开始，墨尔本和悉尼等城市开始利用再生混凝土。Sagoe-Crentsil 等人进行了商业化生产的再生骨料配制的再生混凝土的性能研究，其他学者也进行了相关研究，结果表明，旧混凝土的抗压强度、再生混凝土骨料中软弱物质含量和针片状颗粒含量对再生混凝土回弹模量有重要影响，其中最重要的是破碎的结合料中软弱物质和针片状颗粒含量。只要再生混凝土骨料能始终满足质量标准，就完全可以用作混凝土材料[13,32]。

日本由于国土面积小，资源相对匮乏，因此十分重视废弃混凝土的重新开发利用。早在 1977 年日本政府就制定了《再生骨料和再生混凝土使用规范》，并相继在各地建立了以处理混凝土废弃物为主的加工厂。1991 年，又制定了《资源重新利用促进法》，并制定了其他多项法规保证再生混凝土的发展。日本工业协会已制定了再生细骨料和再生粗骨料的质量标准与相应管理方法，并大力生产推广应用再生混凝土。据日本建设省统计，1995 年日本废弃混凝土的利用率已达到 65%，再生混凝土产量约占全国商品混凝土产量的 10%。日本将废弃混凝土破碎为直径约 40mm 的粒状，采用约 300℃高温加热，使粒料相互摩擦、混合，骨料及骨料外围黏附的水泥砂浆组分变成粉末完全分离，所产生的粉末可用于地基的改进材料，分离出的骨料可与天然骨料一样用于混凝土结构物，回收利用达到 100%。日本还系统地研究了再生混凝土的配合比、强度、吸水性、收缩和耐久性等性能[13,33,34]。

2. 国内研究应用现状

我国由于国土面积大，资源比较丰富，建筑垃圾的综合利用得不到足够的重视。近年来，随着社会经济发展，以及地震等自然灾害的发生，产生大量的建筑垃圾，生态环境问题逐步凸显出来，建筑垃圾的综合利用开始得到重视，政府制定的中长期科教兴国战略和社会可持续发展战略，鼓励废弃物再生技术的研究和应用。虽然我国对建筑垃圾废料的综合利用起步较晚，但也先后颁布了《固体废物污染环境保护法》《城市固体垃圾处理法》。1997 年，建设部将“建筑废渣综合利用”列入科技成果重点推广项目；2002 年，上海市科委设立重点项目，对废弃混凝土的再生利用技术展开了较为系统的研究；2004 年，交通部启动了“水泥混凝土路面再生利用关键技术研究”；2007 年，科技部将“建筑垃圾再生产品的研究开发”列入国家科技支撑计划[8]；2008 年汶川地震后，为及时清运、妥善处理地震灾区建筑垃圾，促进建筑垃圾在灾后重建中的就近处理、资源化利用，住房和城乡建设部颁布实施《地震灾区建筑垃圾处理技术导则》[35]。这些法律法规、科研计划的颁布实施，提高了对建筑垃圾再生利用的重视度，推动了建筑垃圾再生利用的应用研究。

目前，有关再生混凝土性能的系统研究不多，尚处于试验阶段，国内有数十家科研院所开展了再生混凝土的研究，同济大学、武汉大学、武汉理工大学、郑州大学、西南交通大学、西安建筑科技大学、西北工业大学和哈尔滨工业大学等都开展了再生混凝土研究[36-44]，研究工作逐渐深入。但是，由于再生集料自身的复杂性、变异性，再生混凝土的性能比天然骨料混凝土稍差，实际应用受到限制，多数废弃混凝土尚未得到较好的再生利用。目前，少量再生混凝土用于道路基础和非承重结构，而用于承重结构如房屋建筑、道路路面、桥梁工程特别是机场道面工程，还有相当长一段路要走。特别是缺乏废弃混凝土的相关鉴定分级标准，造成控制再生混凝土的质量有一定的困难。这与发达国家相比还有一定差距，需要国内学者更深入地研究，以及国家的政策、资金方面的扶持与保障。

由于起步较晚，我国对建筑垃圾的应用也较少。1991 年，上海市第二建筑工程公司在市中心的“华亭”和“霍兰”两项工程的 7 幢高层建筑施工过程中，将结构施工阶段产生的建筑垃圾，经分拣、剔除并把有用的废渣碎块粉碎后与标准砂按 1∶1 的比例拌合作为细骨料，用于抹灰砂浆和砌筑砂浆，砂浆强度可达 5MPa 以上。共计回收利用建筑废渣 480t，节约砂子材料费 1.44 万元和垃圾清运费 3360 元，扣除粉碎设备等购置费，净收益 1.24 余万元[36]。1991 年，合宁（合肥—南京）高速公路建成通车，随着交通量的增长、使用年限的增加，路面出现了不同类型的病害，每年路面维修工程量约为 9 万~10 万 m^2，产生旧混凝土约 3 万~4 万 m^3。为此，在养护维修过程中，根据高速公路快速通行的特点，旧混凝土破碎为再生骨料得到充分利用，并加入早强剂，达到快速通行的目的。施工前测试了再生骨料的表观密度、吸水率、针片状颗粒含量、压碎值、坚固性和冲击值，并且充分注意了集料的最大粒径和级配。用再生骨料代替天然集料，再生骨料的利用率为 80%，每年的维修工程量为 9 万~10 万 m^2，则节约集料的运输费用为 117 万~130 万元。同时，节省了废料占用的土地费用约 67 万~75 万元。这样既节省了大量的养护资金，又有利于环境保护，获得了良好的社会经济效益[24]。1992 年，北京城建（集团）一公司先后在 9 万 m^2不同结构类型的多层和高层建筑的施工过程中，回收利用各种建筑废渣约 840t，用于砌筑砂浆、内墙和顶棚抹灰、细石混凝土楼地面和混凝土垫层，使用面积多达 3 万 m^2，节约资金 3.5 万余元。通过建筑垃圾的综合利用，施工企业不仅获得了可观的经济收益，同时还促进了施工现场的文明化、规范化和标准化管理，在施工现场只需配置 1 台或数台破碎机及相关筛分等设备，即可将建筑垃圾中的废渣就地处理、就地使用完，大大减轻了建筑垃圾外运负担和对环境的不利影响[45]。

3. 目前已取得的理论与成果

第二次世界大战结束后，苏联、美国、德国、荷兰、日本等国开始对废弃混凝土进行开发研究和再生利用，在再生混凝土的配合比设计和性能等方面均取得不少理论与成果。近年来，我国也进行了大量的研究，取得了一定的成果。

在国外，Nik. D. Oikonomou 与 Shawna Bohan 研究了再生骨料，对再生骨料的应用进行了展望，认为再生骨料的应用对可持续发展非常重要[46,47]。佛罗里达大学的 Mohamed Hameed 和 Abdol R. Chini 研究运输对再生骨料费用和能耗的影响，认为应该用方便的设备就地对废混凝土进行破碎再生利用，不应长距离运输[48]。Fouad M. Khalaf 等人对建筑垃圾作为混凝土粗骨料再生利用进行了回顾，对再生混凝土的配合比和强度等性能进行了研究[49]。M. C. Limbachiya 等人研究了再生混凝土的强度等性能[50]。Mostafa Tavakoli 等人对再生混凝土的干燥收缩行为进行了研究[51-57]。Nobuaki Otsuki 等人对再生骨料对混凝土的界面过渡区、强度、氯离子抗渗性能和碳化的影响进行了研究[58]。J. S. Ryu 对如何改进再生混凝土的强度和抗渗性进行了一些研究[59]。C. S. Poon 等研究了过渡区微观结构对再生混凝土抗压强度的影响[60]。R. M. Salem 和 M. B. Oliveira 等人对再生混凝土的抗冻性能进行了研究[61-65]。R. K. Dhir 和 M. C. Limbachiya 等人研究了再生混凝土的耐磨性能，由于再生集料中含有大量的水泥砂浆，而水泥砂浆的耐磨性较差，导致了再生混凝土的耐磨性较差[66,67]。Parekh 和 Modhera 从配合比、强度、耐久性、应用标准等方面对再生混凝土进行了评价，认为再生混凝土有重大的环境和经济效益[68]。José M. V. Gómez-Soberón 研究了再生混凝土收缩徐变，表明 90 天再生混凝土收缩徐变较普通混凝土大，但发展规律与普通混凝土类似[69]。Gomez-Soberon 初步研究了再生骨料混凝土的孔隙特性，以及孔隙对其他性能的影响，结果表明再生混凝土孔隙率高于天然骨料混凝土，孔隙率对再生混凝土力学特性的影响与普通混凝土一致[70]。澳大利亚 Griffith 大学的 V. W. Y. Tam 等人从政府努力、研究技术、骨料分类和应用规范等方面探讨了促进再生骨料混凝土应用的措施，呼吁加快对再生混凝土的研究应用[71]。Jeffrey Roesler 和 Gregory Huntley 对修建于 1986 年的伊利诺伊州 I-57 公路再生混凝土道面的性能进行了测试研究，认为再生混凝土道面各种性能均表现良好，只是在应用中注意再生混凝土的干燥收缩稍大、抗拉强度稍低[72]。Taesoon Park 对建筑垃圾作为刚性道面基层和底基层材料进行了研究[73]；Shiou-San Kuo 则对再生骨料在柔性道面基层中的应用进行了一些研究，认为只要控制好再生骨料的质量，再生骨料就可以用作柔性路面基层材料[74,75]。Khaled Sobhan 对掺加 4%水泥和 4%粉煤灰的纤维增强再生骨料路面基层材料的弯折疲劳特性进行了研究，表明掺加纤维改善了再生骨料路面基层材料的疲劳特性，建筑废料再生骨料完全可以用于公路基层[76]。

在国内，张亚梅、史巍等人对再生混凝土配合比设计进行了初步研究[77-81]。肖建庄等人对再生混凝土的力学性能进行了比较系统的研究[82-93]，但所研究的再生混凝土强度等级均较低。刘数华等人研究了再生混凝土的耐久性能[94-105]。曹勇等人对再生混凝土的干燥收缩进行了试验研究[106]。季天剑等人研究了再生水泥混凝土疲劳性能[107]。同济大学、武汉大学、武汉理工大学、郑州大学、西南交通大学、西安建筑科技大学、西北工业大学和哈尔滨工业大学等对再生混凝土的配合比、力学性能和耐久性能进行了较系统的研究[37-45]。王军龙等人研究了废弃混凝土再生骨料在道路基层中的应用，对其性能进行了研究[108-113]。李福海等人对再生混凝土的微观结构进行了分析[114,115]，试图揭示再生混凝土的机理。张金喜等人进行了再生混凝土性能和孔结构的研究[116]。

但是可能由于国内外标准不同，采用的再生骨料、再生混凝土的配合比、试验条件以及试验方法存在较大的差异，国内外研究者取得的结论不尽一致，本书仅对与道面混凝土紧密相关的性能，即新拌再生混凝土的工作性，硬化再生混凝土的抗折、抗压强度，疲劳特性，干燥收缩，抗冻、抗渗和耐磨等耐久性能，进行分析。

1）再生混凝土配合比设计与工作性

关于再生混凝土的配合比设计，通过对相关文献的分析，现阶段主要还是在普通混凝土配合比设计的基础上，通过试验修正部分参数，来确定再生混凝土配合比[77-81]。比较有代表性的有再生骨料预吸水法[77]和自由水灰比法[78]两种配合比设计方法。前者按照普通混凝土配合比设计方法设计再生混凝土配合比，依此计算混凝土拌和用水量，再增加再生骨料经一定时间（10～40min）的吸水量，即实际拌和再生混凝土时的用水量由两部分组成：一部分是按照配合比设计计算的单位用水量；另一部分为考虑再生集料的吸水率而额外增加的用水量。该方法有效地解决了再生混凝土的工作性问题。考虑到施工的方便，拌和时，两部分用水实际上是同时加入的。后者是基于自由水灰比的配合比设计方法，将再生混凝土的拌和用水分为两个部分：一部分为骨料吸附的水分，这部分水完全被再生骨料吸收，在拌合物中起不到润滑和提高流动性的作用，称为吸附水，即再生骨料吸水至饱和面干状态时的用水量；另一部分为拌和用水，这些水分布在水泥砂浆中，起提高拌合物的流动性的作用，同时在再生混凝土凝结硬化时，这部分水除有一部分自由蒸发外，其余要参与水泥水化反应，称其为自由水。其中，自由水与水泥用量之比称为自由水灰比，配合比设计时，再生混凝土的强度主要取决于自由水灰比。拌和混凝土时，预先把根据再生骨料种类及吸水率计算出的吸附水和再生骨料进行拌和，然后再生骨料才用于混凝土拌和。此法拌和的再生混凝土工作性与普通混凝土相同，坍落度经时损失很少。但施工不方便，多了一个工序，即对再生骨料和吸附水进行拌和。

由于再生骨料表面粗糙、孔隙多、吸水率大，在水灰比相同情况下，再生混凝土工作性要比天然骨料混凝土差，但黏聚性和保水性较天然骨料混凝土好，主要原因是再生骨料开始吸收的大量水分在后面逐渐释放。同时，由于再生骨料在30min内吸水率达到其总吸水率的90%左右，再生混凝土30min工作性经时损失较大[13]。但通过采取措施，掺加外加剂、外掺料等，可以使再生混凝土工作性满足要求。

2）再生混凝土的强度

再生混凝土的强度随龄期的发展与普通混凝土类似[31,56]。Nixon等人发现，与天然骨料混凝土相比，再生混凝土的抗压强度降低5%~30%[117]，BCSJ等人得出了类似结论[67]。但是，叶孝恒，朋改非等人发现再生混凝土的抗压强度较天然骨料混凝土高2%~20%[118,119]，Hansen等人的研究也证实了这一点[17,61-63]，说明再生混凝土抗压强度可能高于天然骨料混凝土。目前，房屋建筑再生混凝土强度可达C50左右，杜婷等人认为再生骨料不宜配制高强和超高强再生骨料混凝土，建议再生骨料混凝土的配制强度范围取为小于等于C50，这是因为再生骨料混凝土的破坏基本是界面破坏，而再生骨料存在的裂缝等导致薄弱界面，因此限制了再生混凝土向更高强度的发展。

对于抗折强度，Kawamura等人的试验表明再生混凝土的抗折强度与天然骨料混凝土几乎相同[120-122]。但Ravindrarajah等人的试验表明，再生混凝土的抗折强度较天然骨料混凝土降低10%左右[56]。季天剑等人研究表明，所配制的路面再生混凝土抗折强度能够达到4.5~5.5MPa，能够用于高速公路路面。

关于抗折强度与抗压强度的比值，有研究者发现对于再生混凝土，这个比值约1/8~1/5，与普通混凝土类似[67]。但Salem的试验发现，美国混凝土学会（American Concrete Institute，ACI）规范关于普通混凝土抗折强度与抗压强度的比值对于再生混凝土过于保守[62]。肖建庄等人研究表明，这个值平均为0.15[86]。

关于再生混凝土强度的发展规律及影响强度的因素，肖建庄等人研究了再生混凝土长龄期抗压强度发展规律，其规律与普通混凝土基本一致，但再生混凝土90天抗压强度较28天抗压强度增长幅度大于普通混凝土，原因可能是再生骨料所吸水分在28天之后继续释放所形成的“内养护”作用，促进了再生混凝土强度增长。影响再生混凝土强度的因素，水泥强度、水灰比、含气量等因素与普通混凝土一致，还有影响再生混凝土强度的其他因素，有再生骨料取代率、再生骨料基体混凝土强度等。

3）再生混凝土的干缩变形

再生骨料中含有旧水泥砂浆，因为旧砂浆吸水率大，导致再生混凝土干燥收缩值较普通混凝土大[107]。大量试验结果均表明再生混凝土的收缩比天然骨料混凝土大50%左右。再生混凝土收缩特点与天然骨料混凝土相似，水灰比越大，收缩越大[51-55]。

4）再生混凝土的疲劳特性

对再生混凝土的疲劳特性研究报道比较少，只有东南大学的季天剑等人，对公路再生骨料混凝土的疲劳特性进行了一些研究，结果表明再生水泥混凝土的疲劳规律与普通水泥混凝土相似，而且在高应力水平状态下，再生水泥混凝土表现出更优良的疲劳特性，疲劳寿命较长[108]。

5）再生混凝土的抗冻性能

覃银辉等人对再生混凝土硬化前遭遇冻结后的力学性能进行研究，结果表明受冻后对再生混凝土强度发展不利，需要养护较长时间，才能保证再生混凝土后期强度不受损害，因而不适于冬期施工[100]。关于硬化后再生混凝土抗冻性能的研究，国内外研究抗冻等级结论差异较大，普通混凝土抗冻等级通常为F50~F100左右，而国内有用普通混凝土作再生骨料不掺加外加剂配制再生混凝土抗冻等级就能达到F300的报道，结果值得商榷。在国外，Malhotra和Buck研究了不同水灰比的再生混凝土的抗冻性，表明再生混凝土的抗冻性能不低于甚至优于天然骨料混凝土。但是，Nishibayashi和Yamura的试验研究则发现再生混凝土抗冻性较天然骨料混凝土差[101]。

再生混凝土抗冻性的差异，原因除了水灰比、再生骨料水饱和度、掺加粉煤灰等矿物外掺料等外[39,42,61-65]，还可能在于再生骨料基体混凝土的不同特性，尤其是基体混凝土的含气量，可能对再生混凝土抗冻性能有较大影响[13]。但对不同含气量的基体混凝土配制的再生混凝土特别是道面再生混凝土的抗冻性，未见系统研究报道。因此，为了研究再生混凝土抗冻性能及机理，除了水灰比等传统因素外，还应从基体混凝土特性等因素入手，系统地对其抗冻性能进行研究。

6）再生混凝土的抗渗性能

西南交通大学的伍超等人对再生混凝土静水压力抗渗性能进行了试验，结果表明，再生混凝土与天然骨料混凝土一样，水灰比也是对其渗透性影响很大的参数。再生混凝土的抗渗标号高于一般工程设计要求的S8，可以满足规范在一般环境条件下混凝土结构的抗渗要求[38]。

肖开涛、Otsuki等人研究了再生混凝土抗氯离子渗透能力，结果表明，再生混凝土抗氯离子渗透能力稍低于天然骨料混凝土，主要原因是再生骨料有裂缝、孔隙率较高[39,58]。

7）再生混凝土的耐磨性能

Dhir等人对水灰比相同而再生骨料取代率不同的混凝土的耐磨性进行了研究，结果表明，再生骨料取代率低于50%时，再生混凝土的磨耗深度与普通混凝土差别不大；再生骨料取代率高于50%时，再生混凝土的磨耗深度随着再生骨料取代率的增加而增加。当再生骨料取代率为100%时，再生混凝土的磨耗深度较普通混凝土增加 34%[66]。

8）再生混凝土微观结构

对再生混凝土孔结构进行研究表明，再生骨料使混凝土的毛细孔孔隙和凝胶孔孔隙量有较大的增加，其中孔径小于 10μm 的细孔孔隙量的增加高于孔径大于 10μm 的细孔孔隙量的增加[116]。

对再生混凝土微观结构的分析表明，由于混凝土较天然岩石强度低，再生骨料生产过程中形成了裂缝，对再生混凝土性能产生了不利影响，但再生骨料的旧砂浆和再生混凝土中的新砂浆结合较好，对再生混凝土性能改善有利。

1.2 机场道面再生混凝土研究与应用

1.2.1 当前机场道面工程建设中存在的问题

目前，我国提出了“建设节能型社会，发展循环经济”的可持续发展战略。机场是发展国民经济的重要交通设施，也是飞行部队飞行训练的基地，是保证国家发展与安全的重要基础设施。为了满足国家经济发展的需要，实现中央军委对空军“首战用我、用我必胜”的战略要求，做好机场建设是非常重要的。

混凝土是机场道面的主要建筑材料，修建机场道面需要大量的原材料，建设一个机场需要 10 多万 m^3 混凝土材料，其中骨料占 75%以上。由于国民经济发展和军事斗争准备的需要，以及新中国成立后早期修建的机场的使用寿命逐步到期，机场翻修、改（扩）建任务越来越重[14]，但是在建设中，存在一系列问题。

（1）翻修、改（扩）建机场，废弃大量的混凝土，如图 1-1 所示，处理费用惊人，还需要占用大量的空地存放，引发十分突出的环境问题。

图 1-1　大量的废弃旧道面混凝土

(2) 有些机场位置距离天然骨料场很远，天然骨料开采运输能耗与费用惊人，而目前人口增多，生产发展，资源枯竭，环境破坏，若无节制地开采天然骨料，对生态环境的破坏也十分严重。

(3) 目前，翻修、改（扩）建多采用在旧道面上直接加铺新道面的“盖被”方法[15]，机场道面经多次“盖被”后，道面抬高、接坡加大，导致对指挥导航、助航灯光、供油和排水等配套设施进行改造，投资剧增。

1.2.2 道面再生混凝土研究目的与意义

针对以上机场道面工程建设中存在的问题和军用机场道面要求，如果能将废弃混凝土道面板就地充分利用，经破碎、清洗、分级后成为再生骨料，配制再生混凝土，使再生混凝土可用于机场道面工程，不仅能够充分利用废旧资源，减少填埋处理废弃物占用的土地和消耗的费用，解决了废弃物对环境的影响问题，有利于环保，而且还能克服机场位置距离天然骨料场远的问题，同时避免大量开采天然岩石，减少施工环节，缩短施工工期，节约经费。既取得了社会环保效益，又获得了良好的经济效益，达到可持续发展的目的，符合“建设节能型社会，发展循环经济”的可持续发展战略的要求，具有重大的军事、经济和社会效益。

再生混凝土这种新型材料能否用于机场道面工程，关键问题是必须明确它的特性。但根据以往的研究情况，由于再生骨料自身的复杂性、变异性，其应用受到限制。目前，少量再生混凝土仅用于道路基础、非承重结构和部分强度要求低的结构[8,16]，而用于要求高的承重结构如高层房屋建筑、道路工程、桥梁工程特别是机场道面工程，还有相当长一段路要走。在机场道面工程中研究应用再生混凝土，由于再生骨料表面粗糙、孔隙多、吸水率大，对再生混凝土物理力学性能、长期性能和耐久性能都有较大影响，配制不好，容易造成混凝土工作性差，施工困难，强度无保证，抗冻、抗渗、耐磨性能和长期性能差等不良后果，因此，十分有必要对道面再生混凝土进行系统研究，为在机场道面工程中全面推广应用再生混凝土提供技术支持和依据。

1.2.3 道面再生混凝土研究与应用现状

综上所述，再生混凝土虽然在国内外已经被应用于工程实践当中，但研究的结论却不尽相同，加之这些研究主要集中在房屋建筑和公路工程中，而机场道面混凝土与房屋建筑、公路混凝土有所不同，房屋建筑混凝土主要用于房屋结构工程，与钢筋共同组成钢筋混凝土，混凝土主要承受压应力，多数处于室内，工作环境相对较好，而机场道面混凝土大面积铺筑在露天环境之中，一般不设置钢筋，主要承受较大的飞机机轮荷载作用的弯拉应力，容易产生收缩裂缝，加之工作环境恶劣，承受气候和环境的长期破坏作用，对混凝土长期性能和抗冻、抗渗、耐磨耐久等性能要求更高，配制不好，容易发生耐久性破坏。另外，房屋建筑、公路工程混凝土属于胶凝材料用量较大、用水量较大、流动性也较大的塑性混凝土，军用机场道面混凝土为胶凝材料用量较小、用水量也较小，几乎没有流动性的干硬性混凝土，两者有一定的差别。还有，通过以上研究应用现状的分析，前人在研究再生混凝土性能时，通常为单一性能的研究，例如研究抗冻性时，主要考虑的是该种类型混凝土的抗冻性是否能达到抗冻耐久性要求，关注的是混凝土冻融循环后的相对动弹和质量损失。未见对再生混凝土冻融损伤后的力学性能的研究。研究混凝土疲劳特性时，主要集中在材料的疲劳劣化规律及其疲劳方程上，也未见对混凝土疲劳损伤后的力学性能的研究。对于多因素共同作用下混凝土的性能研究更少，例如考虑冻融、疲劳联合作用下再生混凝土的力学性能。而机场道面混凝土承受机轮荷载反复作用（疲劳）和自然环境（在北方，主要是冬季的冻融破坏）共同作用，对道面再生混凝土冻融、疲劳联合作用下的性能研究就尤为必要。

所以，房屋建筑和公路工程领域研究应用的再生混凝土不能直接用于机场道面工程，也未见机场道面再生混凝土系统研究报道。要在机场道面工程中推广应用再生混凝土，必须克服再生骨料天然缺陷，配制出强度等各项性能要求符合机场道面要求的再生混凝土，探究机场道面再生混凝土性能机理与规律，这些方面尚有许多工作要做。为此，中央军委后勤保障部于2007年下达了相关研究任务，依托该项目开展了机场道面再生混凝土研究工作，本书即是对主要研究工作的一个总结。

1.3 本书的主要内容

本书针对再生混凝土性能不佳等问题，采用掺加优质矿物掺合料和高效外加剂、理论分析、试验研究与现场应用相结合的技术路线，对机场道面再生混凝土进行系统的研究、应用与评价等，主要内容如下。

1. 道面再生骨料的生产工艺及基本性能

研究机场道面再生骨料生产工艺，对用于机场道面混凝土的再生骨料的颗粒级配、堆积密度、表观密度、吸水率、强度指标等进行研究，提出适合机场道面混凝土的再生骨料的性能指标。

2. 道面再生混凝土的配制

通过掺加优质矿物掺合料和高效外加剂，进行配合比设计优化，对水泥用量、水灰比、矿物外掺料掺量、砂率和外加剂掺量进行优选，配制出工作性能好，易施工，强度、收缩和耐久性能满足机场道面工程要求的道面再生混凝土，提出机场道面再生混凝土配合比设计方法及相关公式。

3. 道面再生混凝土的性能

（1）测定新拌道面再生混凝土的含气量，与道面天然骨料混凝土的含气量进行比较分析，提出道面再生混凝土合适的含气量范围。

（2）对新拌道面再生混凝土的初始工作性及工作性经时损失进行研究分析，为道面再生混凝土的施工技术研究打下基础。

（3）进行道面再生混凝土的抗折、抗压强度试验，研究分析道面再生混凝土与天然骨料混凝土的强度与发展规律、道面再生混凝土的抗折强度与抗压强度之间的关系，以及分析不同水胶比、不同再生骨料取代率对道面再生混凝土强度的影响规律，明确道面再生混凝土的力学性能及影响因素。

（4）道面再生混凝土长期性能和耐久性能

对道面再生混凝土和同配比天然骨料混凝土、普通道面混凝土的干燥收缩变形、疲劳特性、抗冻、抗渗和耐磨等耐久性能进行研究分析，明确道面再生混凝土的长期性能和耐久性能及规律。

（5）疲劳冻融共同作用下道面再生混凝土的力学性能

对疲劳冻融共同作用下道面再生混凝土和同配比天然骨料混凝土、普通道面混凝土的力学性能进行研究分析，研究分析疲劳、冻融作用对道面再生混凝土力学性能等的影响规律。

4. 道面再生混凝土孔结构、微观结构分析及机理分析

对道面再生混凝土进行孔隙结构、微观结构和矿物组成分析，研究道面再生混凝土内部结构特征，分析粉煤灰在道面再生混凝土中的作用机理和道面再生混凝土性能形成机理，提出道面再生混凝土不同于天然骨料混凝土的结构模型。

5. 再生混凝土道面现场应用与施工技术

在室内研究的基础上，进行现场应用，参考传统机场道面混凝土施工技术，针对道面再生混凝土不同于天然骨料混凝土的特点，研究如何保证施工质量，系统总结机场道面再生混凝土施工技术。

6. 道面再生混凝土技术经济性与环保性评价

在室内研究和现场应用的基础上，进行机场道面再生混凝土的技术经济性分析与环境评价，提高对再生混凝土的认可度，为在军用机场道面工程中推广应用道面再生混凝土消除思想上的障碍和提供技术上的支持。

第 2 章　机场道面再生骨料的性能

2.1　再生骨料的来源

再生骨料一般来自建筑垃圾。建筑垃圾是在建筑物的建设、维修、拆除过程中产生的，或由于受到自然灾害破坏而产生，大多为固体垃圾。建筑垃圾成分按材料类型分，主要有混凝土、陶瓷、木材、玻璃、金属、瓦片、沥青、砖石、渣土等，各占比例如图 2-1 所示[124]。可以看出，其中的混凝土、陶瓷、瓦片和砖石所占比例较大，经破碎、清洗、分级，成为再生骨料，可用于配制再生混凝土。

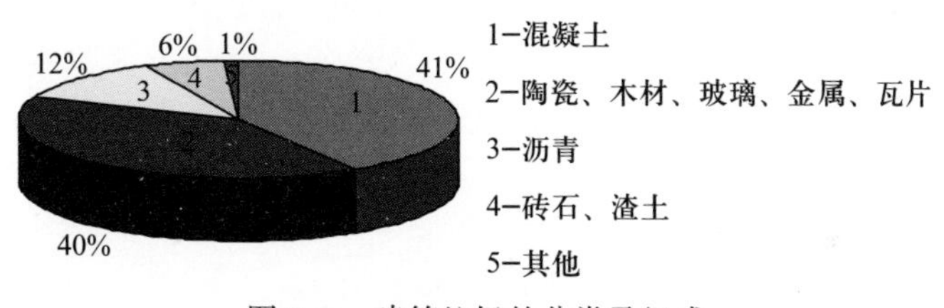

图 2−1　建筑垃圾的分类及组成

但是，不是所有废弃混凝土都可以用来配制再生混凝土，由于废弃混凝土的来源不同，原生混凝土的组成、强度、使用环境、腐蚀碳化程度等也会有差异，导致再生混凝土强度变化的规律性不是很好。但大量的研究均表明，再生混凝土的配制强度与基体混凝土的强度密切相关，当配制高强度再生混凝土时，基体混凝土的强度对再生混凝土强度影响最大；配制中等强度再生混凝土时，影响次之；配制低强度再生混凝土时，影响最小[115]。

对于机场道面，为中等强度混凝土，生产再生骨料一般要求基体混凝土强度应不低于再生水泥混凝土道面设计强度，不得选用因碱骨料反应、腐蚀等化学破坏，不符合环保要求的旧道面。本书研究所用再生骨料基体混凝土来源有四种：①空军 XN 机场改（扩）建工程中废弃的跑道道面混凝土，原骨料为花岗岩碎石，代号 Z1；②空军 ZY 机场改（扩）建工程中废弃的跑道道面混凝土，原骨料为碎卵石，代号 Z2；③空军工程大学航空工程学院机场建筑工程教研室机场施工与材料实验室天然骨料普通道面混凝土试验废弃试件，含气量约 2%，原骨料为石灰岩碎石，代号 Z3；④空军工程大学航空工程学院机场建筑工程教研室机场施工与材料实验室掺引气剂天然骨料道面混凝土试验废弃试件，含气量约 3%，原骨料为石灰岩碎石，代号 Z4。以上 Z1 ~ Z4 基体混凝土来源广泛，地域典型（华南、西北），均无碱骨料反应、腐蚀等化学破坏，状态良好，符合要求。另外，用于与再生混凝土做对比试验研究的天然骨料混凝土所用天然骨料为石灰岩碎石，代号为 T。再生骨料的基体混凝土如图 2-2 所示。

(a) XN机场旧道面

(b) ZY机场旧道面

(c) 实验室废弃试件

图 2-2　再生骨料的基体混凝土

2.2　再生骨料的生产

2.2.1　国内外再生骨料生产方法

目前，国内外再生骨料的生产方法大同小异，大都是将切割破碎设备、传输机械、筛分设备和清除杂质设备有机结合，完成破碎、去杂、分级等工序，只是不同的设计者和生产厂家在生产细节上有所不同[125,126]。

2.2.2　机场道面再生骨料的生产方法

1. 破碎设备的选择

通常生产再生骨料的破碎机械选择生产天然骨料用的破碎机即可，目前用于天然骨料生产的破碎机类型主要有颚式破碎机和锤式破碎机（反击式破碎机）[127]。颚式破碎机针片状颗粒含量高，需要在后续工艺上采用整形来获得合格的成品砂石骨料；锤式破碎机主要靠铰接的快速回转的锤头的冲击力来进行破碎，生产的产品粒型好且呈棱角，针片状颗粒含量少，粒度连续且粉末少，常用作对骨料要求较高的路基路面。考虑到机场道面对混凝土性能要求较高，对骨料的品质要求也较高，最终选择锤式破碎机作为机场道面再生骨料生产的破碎设备。

2. 机场道面再生骨料的生产

本书参考国内外再生骨料生产方法，针对机场道面工程特点，提出符合机场工程实际的机场道面混凝土再生骨料生产方法，如图 2–3、图 2–4 所示。在实验室，由于再生骨料需求量较小，采用人工破碎、分级、清洗。生产的再生骨料分别如图 2–5~图 2–8 所示。

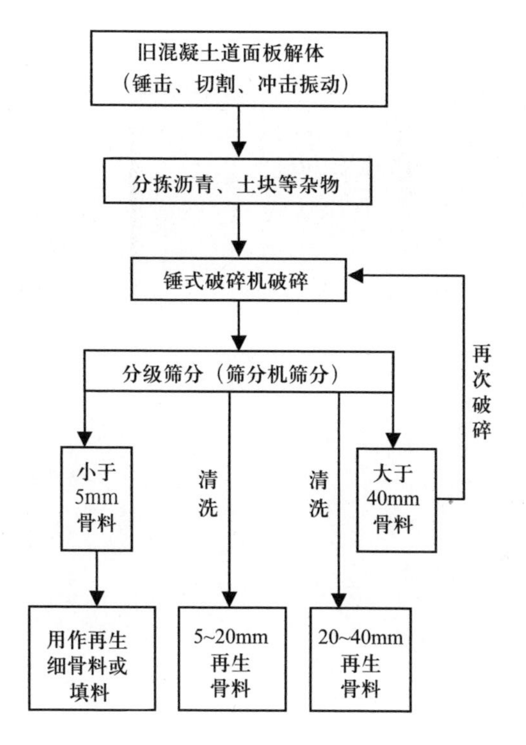

图 2–3　机场道面再生骨料的机械生产流程

(a) 在XN机场生产Z1

(b) 在ZY机场生产Z2

图 2–4　现场机械生产再生骨料

(a) 20~40mm　　(b) 5~20mm

图 2-5　机械生产的再生骨料 Z1

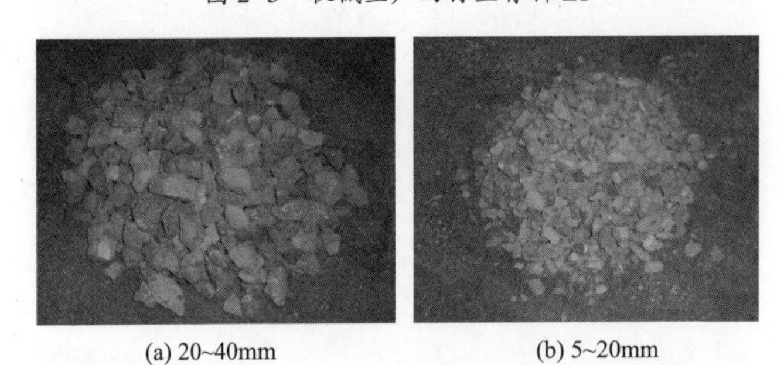

(a) 20~40mm　　(b) 5~20mm

图 2-6　机械生产的再生骨料 Z2

(a) 20~40mm　　(b) 5~20mm

图 2-7　人工生产的再生骨料 Z3

(a) 20~40mm　　(b) 5~20mm

图 2-8　人工生产的再生骨料 Z4

2.3 再生骨料的性能

著名混凝土科学家、美国加州大学的P. 梅泰教授指出，骨料在混凝土中所占的体积虽然可达60%~80%，但它与水泥不同，经常被看作是一种惰性填充料，因此其对混凝土性质可能产生的影响，似乎就不必多加注意。不过，骨料对混凝土的强度、体积稳定性以及耐久性产生相当的影响。除此之外，骨料在决定混凝土拌合物的工作性和价格时，也同样起着重要的作用。所以，如果不像对待水泥那样来重视骨料显然是不适当的[5]。骨料的特性对新拌混凝土的工作性、对硬化混凝土的强度和耐久性等性能，都有很大的影响。对于再生骨料，基体混凝土强度较天然岩石低，生产过程中易产生微裂缝，其大部分颗粒表面附着旧水泥砂浆，少部分为与旧水泥砂浆完全脱离的原状天然骨料颗粒，还有一部分完全为旧水泥砂浆。再生骨料的这种组成与特性，决定了再生骨料变异性比天然骨料大，再生骨料的一些性能比天然骨料差，对再生混凝土的性能影响更大，有必要对其进行研究，选择品质较高的再生骨料，配制出高性能再生混凝土。依照国家标准《建筑用卵石、碎石》（GB/T 14685—2011）和国家军用标准《军用机场场道工程施工及验收规范》（GJB 1112A—2004），对再生骨料性能进行研究，结果与分析如下。

2.3.1 颗粒成分

再生骨料的颗粒成分是影响再生骨料的其他性能的根本因素，因此有必要对其进行分析。将本书所用再生骨料Z1、Z2、Z3、Z4分别按四分法取样，人工筛选、称量、分拣，对再生骨料的颗粒成分进行分析分类，主要分为以下三种成分。

（1）纯骨料，即旧混凝土的原天然岩石骨料，砂浆完全分离脱落，有少量微裂缝，状态与天然骨料基本相同。

（2）混合料，即旧混凝土骨料与砂浆的结合体，呈多棱角状，有微裂缝，表面粗糙。

（3）纯砂浆，即旧混凝土的砂浆料，呈多棱角状，有较多微裂缝，表面粗糙。

分析结果如表2-1所列，表明Z1、Z2再生骨料中的混合料和纯砂浆含量高于Z3、Z4，但纯骨料含量低于Z3、Z4。原因可能是旧道面混凝土龄期长，骨料与砂浆黏结好，破碎时砂浆与骨料不易分离。实验室混凝土试件龄期短，破碎时砂浆与骨料较易分离。Z2的混合料含量均低于Z1，纯骨料和纯砂浆含量高于Z1，主要原因是再生骨料Z2的基体混凝土为破碎卵石混凝土，砂浆与骨料黏结力不如与碎石黏结力大，破碎时砂浆与骨料较易分离。Z3的混合料含量高于Z4，纯骨料和纯砂浆含量低于Z4，主要原因是再生骨料Z4的基体混凝土为引气型混凝土，含气量为3%，其强度较Z3基体混凝土强度低，破碎时砂浆与骨料较易分离。因此，在选择基体混凝土生产再生骨料时，应根据基体混凝土情况和再生混凝土性能要求，选择合适的基体混凝土。

表2-1　再生骨料颗粒成分

骨料种类	纯骨料/%	混合料/%	纯砂浆/%
Z1	19.8	60.6	19.6
Z2	22.7	56.0	21.3
Z3	24.4	57.7	17.9
Z4	28.5	52.8	18.7

2.3.2　颗粒形状及表面织构

骨料的颗粒形状简单说是指骨料形状，有浑圆、多角、针状和片状等。表面织构是指骨料表面光滑或粗糙的程度，一般根据目测评定[5]。再生骨料的颗粒形状和表面织构对再生骨料与水泥浆的黏结、新拌再生混凝土的工作性和硬化混凝土的强度等性能都有重要影响。特别是针片状颗粒，含量过大，会降低再生混凝土强度[128]。

对本书所用的再生骨料分别取样，与天然骨料比较分析，发现再生骨料颗粒形状和表面较粗糙，主要原因是再生骨料含有旧水泥砂浆，拌制混凝土需要较大的砂率。并分析再生骨料及天然骨料针片状颗粒含量，结果如表2-2所列。

表2-2　骨料针片状颗粒含量

骨料种类	Z1	Z2	Z3	Z4	T	标准规定
针片状含量/%	2.3	2.5	4.9	4.1	5.4	≤15%

由表2-2可以看出，再生骨料Z1、Z2、Z3和Z4针片状颗粒含量均较天然骨料T低，原因是目前石料厂为了提高生产率，通常采用颚式破碎机破碎石料，所以天然骨料针片状颗粒含量稍高。Z3、Z4针片状颗粒含量较Z1、Z2稍

高，原因是机械破碎均匀，质量稳定，再生骨料颗粒形状较好，针片状颗粒含量低，人工破碎不均匀，再生骨料质量不稳定，颗粒形状较差，针片状颗粒含量较大，从图 2-5~图 2-8 也可以看出，但再生骨料与天然骨料均满足标准要求[129]。

2.3.3 粒径及级配

骨料的级配是骨料各级粒径的颗粒之间的分布，通常用一套筛子中各号筛上的累计筛余或累计通过百分率表示。合适的骨料级配范围和最大粒径，才能配制出满足使用要求的工作性最佳和最经济的混凝土[5]。再生骨料的粒径和级配要求同天然骨料，也要合适，只有这样，才能保证再生混凝土的性能。对本书采用的再生骨料 Z1、Z2、Z3、Z4 及天然骨料 T 进行筛分，粒径均为5~40mm连续粒级，骨料级配及标准要求[129]如表 2-3 所列，骨料的级配曲线如图 2-9 所示。

表 2-3　骨料级配

骨料种类	累计筛余（按质量计/%）			
	4.75mm 筛	9.5mm 筛	19mm 筛	37.5mm 筛
Z1	98.5	85.3	49.9	1.8
Z2	99.6	86.3	48.4	1.1
Z3	98.6	89.9	58.3	2.4
Z4	99.2	90.9	56.8	1.7
T	95.9	81.5	55.2	1.2
标准范围	95~100	75~90	30~65	0~5

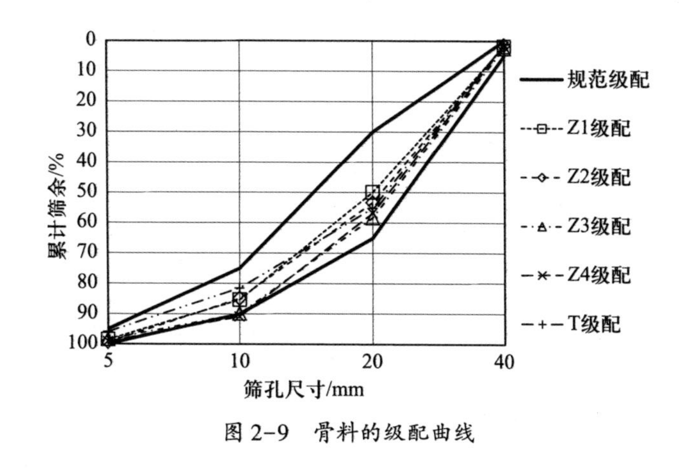

图 2-9　骨料的级配曲线

由表 2-3 和图 2-9 可知，四种再生骨料和天然骨料级配均合格。Z3、Z4 级配曲线靠近规范范围下限，Z1、Z2 级配较 Z3、Z4 好，这是由于机械破碎均匀，再生骨料质量稳定，级配好，人工破碎不均匀，质量不稳定，级配稍差。

2.3.4 表观密度和堆积密度

骨料的表观密度是在自然状态下单位体积的质量，堆积密度是破碎后的颗粒在堆积状态下单位体积的质量[128]。骨料的表观密度和堆积密度是混凝土配合比设计的重要参数，有必要对再生骨料的表观密度和堆积密度进行研究。由于再生骨料表面附着旧砂浆等，表观密度和堆积密度比天然骨料低。再生骨料表观密度和堆积密度还与基体混凝土骨料密度，基体混凝土的水灰比和砂率，再生骨料的级配、颗粒形状等因素有关。综合孙跃东等人的研究成果，再生粗骨料的表观密度与堆积密度分别均为原天然粗骨料的 90%左右[125,130,131]。本书所用再生骨料的表观密度与堆积密度及与原天然骨料对比情况，如表 2-4 所列，表明再生骨料表观密度与堆积密度均较天然骨料低，分别为天然骨料的 80%~90%。Z3 的表观密度与堆积密度比 Z1、Z2 稍高，原因在于再生骨料 Z1、Z2 中密度较小的混合料和纯砂浆含量均高于 Z3，密度较高的纯骨料含量低于 Z3。Z4 的表观密度与堆积密度较低，原因在于再生骨料 Z4 基体混凝土含气量较高，密度较低。

表 2-4 再生骨料表观密度与堆积密度

骨料种类	表观密度/(g/cm^3)	与天然骨料比值/%	堆积密度/(kg/m^3)	与天然骨料比值/%	原骨料密度	
					表观密度/(g/cm^3)	堆积密度/(kg/m^3)
Z1	2.51	90	1394	82	2.78	1700
Z2	2.50	92	1342	85	2.71	1580
Z3	2.54	92	1425	84	2.75	1690
Z4	2.48	90	1326	78	2.75	1690
注：Z1 基体混凝土骨料为花岗岩碎石，Z2 基体混凝土骨料为碎卵石，Z3、Z4 原骨料均为石灰岩碎石						

2.3.5 吸水特性

骨料的吸水特性对新拌混凝土的工作性及其经时损失等有重要的影响[5]，

同时可以间接反映再生骨料颗粒成分，影响再生混凝土其他性能，因此，必须对再生骨料的吸水特性进行研究。由于再生骨料含有一部分砂浆，且颗粒棱角多，表面粗糙，在破碎过程中产生微裂缝，孔隙率大，因此再生骨料的吸水速率和吸水率都不同于天然骨料，一般比天然骨料大[13]。对本书所用再生骨料的 30min、1h 和 24h 吸水率进行测定，其结果如表 2-5 所列。由表 2-5 可以看出，再生吸水速率和吸水率均较天然骨料大，再生骨料吸水速率 1h 内较高，1h 后吸水速率趋于稳定，吸水率增长很小，1h 内吸水率均达到了 24h 吸水率的 90%以上。再生骨料的吸水率主要与 2.3.1 节中所述颗粒成分有关，Z1、Z2 吸水率大于 Z3、Z4，是由于 Z1、Z2 颗粒成分中混合料和纯砂浆较 Z3、Z4 多。Z2 吸水率较大，主要原因在于再生骨料 Z2 颗粒成分中砂浆含量较高。另外，Z2 基体混凝土骨料为碎卵石，光滑面过渡区更容易形成产生裂缝，用来生产再生骨料时，在破碎机作用下也容易形成裂缝，所有这些原因造成 Z2 吸水率较大。

表 2-5　骨料吸水特性

骨料种类	30min 吸水率/相对 24h 吸水比率/%	1h 吸水率/相对 24h 吸水比率/%	24h 吸水率/%
Z1	2.1/84	2.3/92	2.5
Z2	2.2/81	2.5/93	2.7
Z3	1.8/82	2.0/91	2.2
Z4	2.0/87	2.1/91	2.3
T	0.25/80	0.27/87	0.31

由表 2-5 可以看出，天然骨料吸水率很小，因此再生骨料中混合料、纯砂浆对再生骨料吸水率有较大影响，为了进一步研究两者比例与再生骨料吸水率的关系，选取具有代表性的碎石混凝土再生骨料 Z1，根据表 2-1 中其颗粒成分比例，在此基础上进行掺配，基于响应曲面法（Response Surface Methodology，RSM，RSM 方法与思想见 4.7 节），研究其混合料、纯砂浆比例对再生骨料吸水率的影响，混合料、纯砂浆含量作为因素，考虑到道面混凝土搅拌完毕一般最迟 1h 内施工完毕，选取 30min、1h 吸水比率作为响应，确定因素水平零水平和波动区如表 2-6 所列。

表 2-6　试验因素及水平

因素	水平		
	-1	0	1
混合料含量 A/%	55	60	65
砂浆含量 B/%	15	20	25

根据试验因素及水平进行试验设计，测定每组因素水平对应的再生骨料的吸水率，结果如表 2-7 所列。

表 2-7　试验设计与试验结果

序号	试验设计		吸水率/%	
	混合料含量 A/%	砂浆含量 B/%	30min	1h
1	55	15	1.5	1.7
2	65	15	1.7	2.0
3	55	25	2.7	3.0
4	65	25	3.1	3.5
5	55	20	1.7	1.9
6	65	20	2.3	2.5
7	60	15	1.8	2.0
8	60	25	2.9	3.2
9	60	20	2.1	2.3
10	60	20	2.1	2.2
11	60	20	2.1	2.3
12	60	20	2.0	2.3
13	60	20	2.2	2.4

选择二次曲面方程为响应模型，30min（W_1）、1h（W_2）吸水率模型分别如下：

$$W_1 = -10.77 + 0.48A - 0.40B + 0.002AB - 0.004A^2 + 0.01B^2 \quad (2-1)$$

$$W_2 = -6.51 + 0.37A - 0.51B + 0.002AB - 0.003A^2 + 0.013B^2 \quad (2-2)$$

对模型及其系数进行显著性检验，回归所得模型显著，模型的校正决定系数 Adj R^2分别为 0.9608、0.9752，说明模型能解释 96.08%、97.52%响应值的变化，只有总变异的 3.92%、2.48%不能用此模型来解释；失拟项均不显著，复相关系数分别为 0.9771、0.9856，说明模型拟合程度好，试验误差小。图 2-10 为 W_1、W_2的残差的正态概率分布图，基本在一条直线上，图 2-11 为 W_1、W_2的残差和预测值分布图（Residuals VS Predicted），分布无规律，图 2-12为 W_1、W_2的预测值和实际值分布图（Predicted VS Actual），基本在一条直线上，这些均表明该模型是合适的，可以用该模型对再生骨料的吸水率进行分析和预测，且预测精度较高。

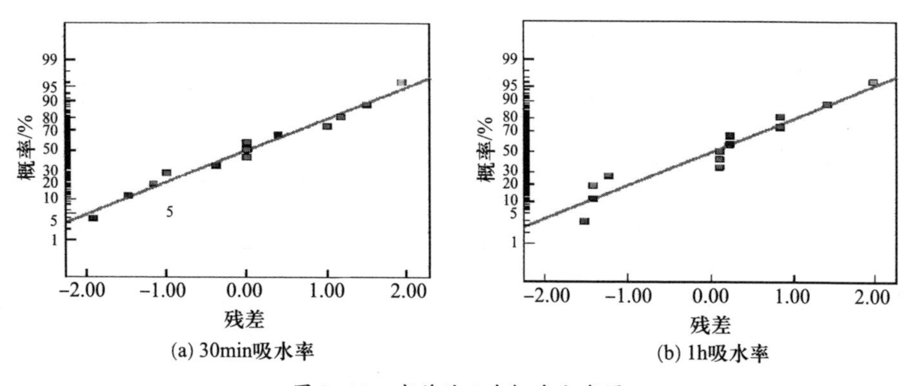

图 2-10　残差的正态概率分布图

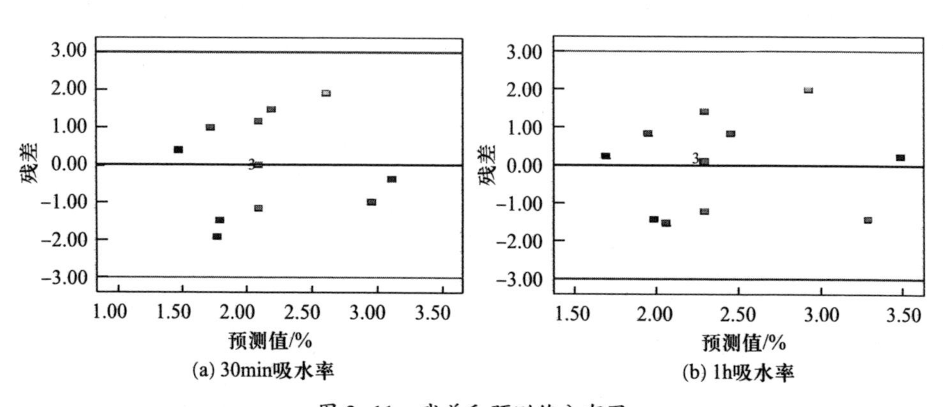

图 2-11　残差和预测值分布图

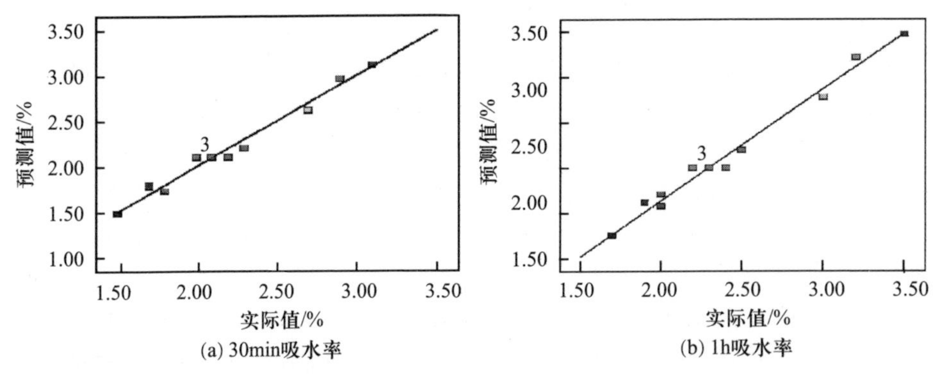

图 2-12　预测值和实际值分布图

根据模型式（2-1）、式（2-2），因素及响应的三维响应曲面及等高线图分别如图 2-13、图 2-14 所示。

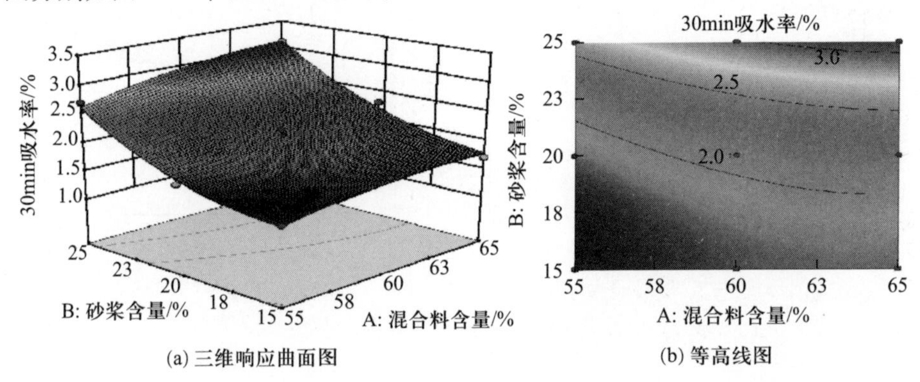

图 2-13　A、B 及其交互作用对 w_1 影响的三维响应曲面图和等高线图

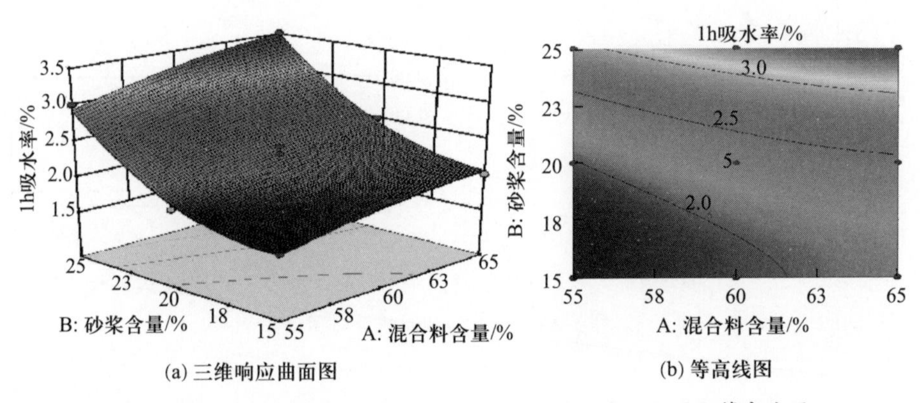

图 2-14　A、B 及其交互作用对 w_2 影响的三维响应曲面图和等高线图

从图 2-13、图 2-14 可以看出：

（1）再生骨料中混合料、纯砂浆均对吸水率有影响，但纯砂浆影响较显著，在三维响应面上表现为曲线陡峭程度依次减弱渐趋平缓，从试验过程看也是如此。

（2）等高线的形状可反映出交互效应的强弱，椭圆形表示两因素交互作用显著，而圆形则与之相反。可以看出，再生骨料中混合料、纯砂浆两因素对吸水率的交互作用不那么显著。

因此，为了保证再生骨料吸水率不能太高，必须控制再生骨料中砂浆含量，避免再生骨料吸水率过高，对再生骨料工作性影响太大，影响道面再生混凝土施工质量。

2.3.6 强度

为保证混凝土的强度，骨料的强度必须满足规定的指标要求。钻芯、切割取样测定再生骨料 Z1、Z2 基体混凝土（旧道面）抗压强度与抗折强度，测定再生骨料 Z3、Z4 基体混凝土 28 天强度，并测定 4 种再生骨料和本书试验用天然骨料的压碎值，结果如表 2-8 所列。从表 2-8 可以看出，Z1、Z2 基体混凝土强度虽然龄期较长（20 年以上），但由于当时设计强度低（4.5MPa），所以目前强度较低，Z3、Z4 强度较高，主要目前机场道面强度设计要求高。再生骨料压碎指标满足机场道面施工规范要求[129]，再生骨料压碎指标较天然骨料大，原因是基体混凝土强度远低于岩石，再生骨料中含有一定量的强度较低的砂浆，且生产过程中产生微裂缝。

表 2-8　骨料强度与压碎指标

骨料种类	Z1	Z2	Z3	Z4	T	标准规定碎石压碎指标
抗折强度/MPa	5.89	5.53	5.95	5.76		
抗压强度/MPa	45.3	40.1	54.2	50.6		≤12%
压碎指标/%	9.9	11.1	8.9	9.5	3.4	

从表 2-8 可以看出，压碎值与基体混凝土抗压强度相关，对表 2-8 中再生骨料基体混凝土抗压强度与压碎值进行回归分析，如图 2-15 所示。

从图 2-15 可以看出，所得关系式为

$$y = -0.1473x + 16.856 \qquad (2-3)$$

式中　y——压碎值（%）；

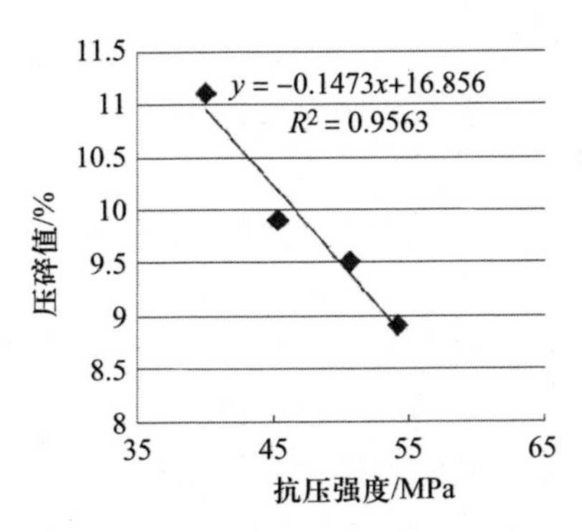

图 2-15　再生骨料压碎值与基体混凝土抗压强度关系

x——抗压强度（MPa），相关性较高，可以为再生骨料性能指标控制提供参考。

同时还发现，压碎值与再生骨料颗粒成分中纯砂浆含量也有明显的相关关系，因为纯砂浆强度较低，不能抵抗较大的压力，容易破碎，若含量高，会增大再生骨料的压碎值。对压碎值与再生骨料颗粒成分中纯砂浆含量进行回归分析，如图 2-16 所示。

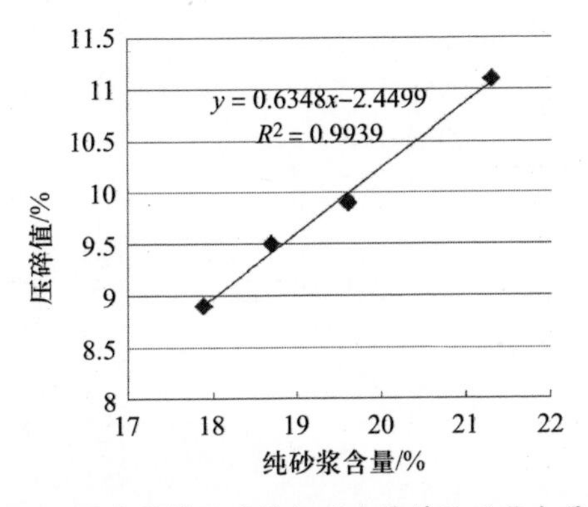

图 2-16　再生骨料压碎值与再生骨料纯砂浆含量关系

从图 2-16 可以看出，所得关系式为

$$y = 0.6348x - 2.4499 \tag{2-4}$$

式中　y——压碎值（%）；

x——再生骨料纯砂浆含量（%），相关性较高，可以为再生骨料性能指标控制提供参考。

2.3.7 坚固性

骨料用于有抗冻要求的混凝土时，必须测定其坚固性[128]。采用硫酸钠溶液法检验，用5次循环的质量损失表示。对再生骨料及天然骨料的坚固性进行测定，结果如表2-9所列，表明再生骨料质量损失大于天然骨料，只有基体混凝土掺有引气剂的再生骨料Z4勉强满足规范要求，其余三种均不能满足军用机场相关规范要求[129]，原因是再生骨料含有旧砂浆，强度远低于天然岩石碎石。制定再生骨料坚固性标准时，有必要结合抗冻结果进行。由此可以看出，再生骨料颗粒成分中纯砂浆含量和含气量对再生骨料的坚固性有重要的影响，Z2砂浆含量较Z1高，其坚固性比Z1稍差，Z4砂浆含气量最高，含气量为3%，其坚固性最好，比Z1、Z2、Z3得到大幅度提升。而再生骨料的坚固性对再生混凝土的抗冻性、耐腐蚀性等有重要影响，因此，选择再生骨料时，要特别关注再生骨料的坚固性。

表2-9 骨料的坚固性

骨料种类	Z1	Z2	Z3	Z4	T
5次循环后质量损失/%	7.7	8.7	6.6	4.3	2.8
注：标准规定，严寒地区≤3%，其他地区≤5%					

为了进一步研究分析再生骨料颗粒成分中纯砂浆含量、基体混凝土含气量与再生骨料的坚固性的具体关系，基于RSM法，纯砂浆含量、含气量作为因素，坚固性作为响应，确定因素水平零水平和波动区，如表2-10所列。

表2-10 试验因素及水平

因素	水平		
	-1	0	1
A：砂浆含量/%	16	20	24
B：含气量/%	1	2	3

根据试验因素及水平进行试验设计，测定每组因素水平对应再生骨料的坚固性，结果如表2-11所列。

表 2-11　试验设计与试验结果

序号	试验设计		坚固性：5 次循环后质量损失/%
	A：砂浆含量/%	B：含气量/%	
1	18	1	6.4
2	22	1	9.6
3	18	3	4.0
4	22	3	6.4
5	18	2	4.8
6	22	2	6.9
7	20	1	7.8
8	20	3	4.5
9	20	2	5.7
10	20	2	5.8
11	20	2	5.6
12	20	2	5.9
13	20	2	5.6

选择二次曲面方程为响应模型，坚固性模型为

$$S = 22.5954 - 2.003A - 1.82B - 0.1AB + 0.0711A^2 + 0.5845B^2 \quad (2-5)$$

对模型及其系数进行显著性检验，回归所得模型显著，模型的校正决定系数 Adj R^2 为 0.9740，说明模型能解释 97.4%响应值的变化，只有总变异的 2.6%不能用此模型来解释；失拟项不显著，复相关系数为 0.9848，说明模型拟合程度好，试验误差小。图 2-17 为残差的正态概率分布图，基本在一条直线上，图 2-18 为残差和预测值分布图（Residuals VS Predicted），分布无规律，图 2-19 为预测值和实际值分布图（Predicted VS Actual），基本在一条直线上，这些均表明该模型是合适的，可以用该模型对机场道面再生骨料的坚固性进行分析和预测，且预测精度较高。

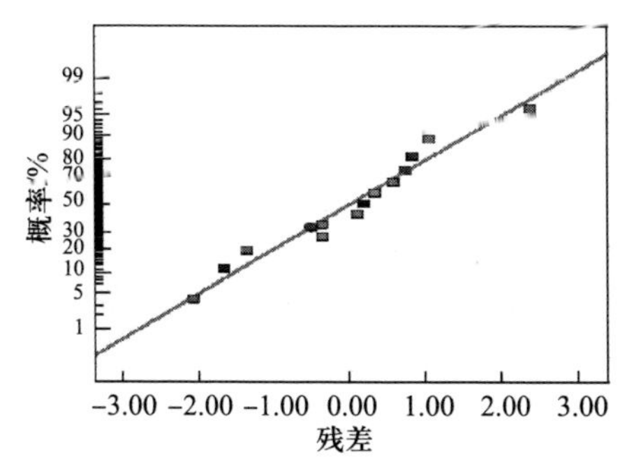

图 2-17　残差的正态概率分布图

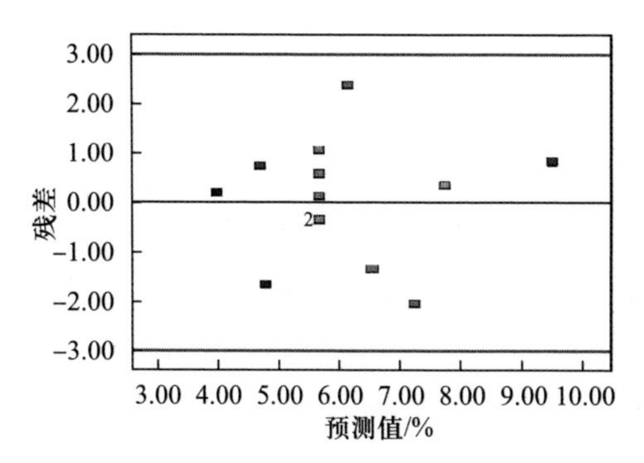

图 2-18　残差和预测值分布图

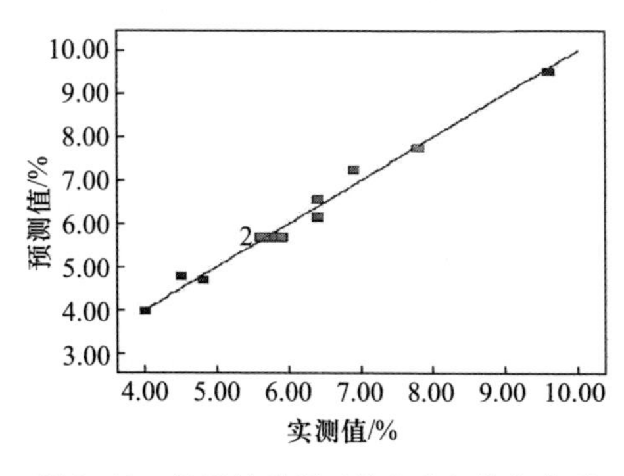

图 2-19　坚固性的预测值和实际值分布图

根据模型式（2-5），因素及响应的三维响应曲面及等高线图如图 2-20 所示。

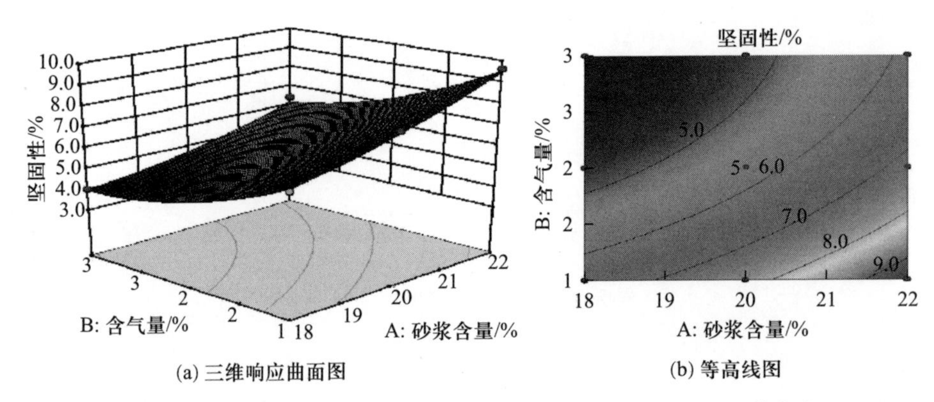

(a) 三维响应曲面图　(b) 等高线图

图 2-20　A、B 及其交互作用对坚固性影响的三维响应曲面图和等高线图

从图 2-20 可以看出：

（1）再生骨料中砂浆含量、再生骨料基体混凝土含气量均对再生骨料坚固性有影响，但基体混凝土含气量影响较显著，在三维响应面上表现为曲线陡峭程度依次减弱渐趋平缓，从试验过程看也是如此。

（2）等高线的形状可反映出交互效应的强弱，椭圆形表示两因素交互作用显著，而圆形则与之相反。可以看出，再生骨料中砂浆含量、再生骨料基体混凝土含气量两因素对坚固性的影响有一定的交互作用。

因此在选择再生骨料时，特别是有抗冻要求的道面再生混凝土，为保证再生骨料坚固性和再生混凝土抗冻性能，必须考虑再生骨料砂浆含量和基体混凝土含气量。

2.3.8　性能指标建议

在本节研究内容和后文道面再生混凝土性能研究的基础上，参考《混凝土用再生粗骨料》[132]和《再生骨料应用技术规程》[133]，提出了机场道面混凝土再生骨料的针片状颗粒含量、压碎值、坚固性和 1h 吸水率等参考技术指标，如表 2-12 所列，为机场道面再生骨料的生产、评定与应用提供参考。

表 2-12　机场道面混凝土再生粗骨料技术指标

序号	项目	天然骨料技术标准[129]/%	再生骨料指标实测值/%	再生骨料推荐技术标准/%	说　明
1	针片状颗粒含量	<15	2.3、2.5、4.9、4.1	<10	考虑到再生骨料粒形好，针片状含量低于天然骨料，参照 GB/T 25177—2010 确定
2	压碎值	≤12（碎石）	11.5、9.8、10.1、11.7	<15	考虑到再生骨料满足指标要求，保证道面再生混凝土的性能同时兼顾再生骨料来源，参照 GB/T 25177—2010 确定
3	坚固性	≤3（严寒地区） ≤5（其他地区）	4.7、8.7、8.6、4.3	<5（严寒地区） <10（其他地区）	依据 4 种机场道面再生骨料坚固性试验结果和后文道面再生混凝土抗冻试验结果，参照 GB/T 25177—2010 确定
4	1h 吸水率	\	2.3、2.5、2.0、2.1	<5	再生骨料含有部分软弱砂浆，一方面导致吸水率过大，容易造成再生混凝土工作性损失过快，不利于施工；另一方面软弱砂浆还会导致混凝土强度低，所以为了控制软弱砂浆含量，保证道面再生混凝土强度和工作性，参照 GB/T 25177—2010，设置了吸水率限制值

第3章　道面再生混凝土的配制

由前所述，再生骨料生产过程中由于受到机械作用，产生微裂缝，因此具有表面粗糙、孔隙多、棱角多、吸水率较大等缺陷，配制再生混凝土时，如果配合比设计不当，容易造成再生混凝土工作性差，施工困难，强度无保证，耐久性能差的不良后果。本章在参考国内外研究成果的基础上，进行道面再生混凝土的配制，研究道面再生混凝土配合比设计方法，并确定道面再生混凝土配合比。

3.1　材料

为了获得具有一定要求特性的混凝土，以利于进行研究，第一步要选择好满足规范和设计要求的原材料。

3.1.1 水泥

选用陕西省耀县秦岭牌42.5R普通硅酸盐水泥，密度为3.10g/cm^3，技术指标见表3-1所列。

表3-1　水泥技术指标

细度（80μm筛余量）/%	标准稠度需水量/%	凝结时间		安定性	抗折强度/MPa		抗压强度/MPa	
		初凝	终凝		3天	28天	3天	28天
1.6	27.5	2h10min	5h10min	沸煮合格	6.41	8.94	29.7	51.7

3.1.2　细骨料

陕西省灞河中砂，细度模数为2.78，Ⅱ区，级配如表3-2所列，合格，密度为2.63g/cm^3，堆积密度为1500kg/m^3，含泥量为1.0%。

表 3-2 试验用砂的级配

样本量/g	方孔筛/mm	分计筛余量/g	分计筛余/%	累计筛余/%
500	5	2	0.4	0.4
	2.5	38	7.6	8
	1.25	87	17.4	25.4
	0.63	190	38	63.4
	0.315	116	23.2	86.6
	0.16	44	8.8	95.4
	<0.16	22	4.4	99.8
细度模数	2.78			

3.1.3 粗骨料

（1）再生粗骨料 Z1：空军 XN 机场旧跑道道面混凝土破碎再生骨料，5~20mm，20~40mm 二级配，级配比例为 40：60，级配合格，密度为 2.51g/cm³，堆积密度为 1394kg/m³。

（2）再生粗骨料 Z2：空军 ZY 机场旧跑道道面混凝土破碎再生骨料，5~20mm，20~40mm 二级配，级配比例为 50：50，级配合格，密度为 2.50g/cm³，堆积密度为 1342kg/m³。

（3）再生粗骨料 Z3：实验室废弃混凝土试件破碎再生骨料，5~20mm，20~40mm 二级配，级配比例为 40：60，级配合格，密度为 2.54g/cm³，堆积密度为 1425kg/m³。

（4）再生粗骨料 Z4：实验室废弃掺引气剂混凝土试件破碎再生骨料，基体混凝土含气量 3%，5~20mm，20~40mm 二级配，级配比例为 40：60，级配合格，密度为 2.48g/cm³，堆积密度为 1326kg/m³。

（5）天然粗骨料 T：陕西省泾阳石灰岩碎石，5~20mm，20~40mm 二级配，级配比例为 40：60，级配合格，密度为 2.75g/cm³，堆积密度为 1690kg/m³。

3.1.4 粉煤灰

陕西省渭河电厂Ⅱ级粉煤灰，技术指标如表 3-3 所列。

表 3-3　渭河电厂Ⅱ级粉煤灰技术指标

细度（45μm 筛余量）/%	密度/（g/cm^3）	需水量比/%	烧失量/%	SO_3含量/%	含水量/%
13.7	2.2	91	2.8	<1	0.14

3.1.5　外加剂

（1）FDN 减水剂，广东省湛江混凝土外加剂厂生产萘系高效减水剂，建议掺量为胶凝材料用量的 0.5% ~1.2%，减水率 20%左右。

（2）FAC 聚羧酸减水剂，北京市瑞帝斯混凝土外加剂有限公司生产高效减水剂，建议掺量为胶凝材料用量的 0.7% ~1.5%，配制高强混凝土时可增大掺量，技术指标如表 3-4 所列。

表 3-4　FAC 聚羧酸高效减水剂技术指标

密度/（g/cm^3）	含固量/%	减水率/%	28d 抗压强度比/%
1.06±0.02	20	20~40	≥120

（3）SDJ 聚羧酸引气减水剂，咸阳混凝土外加剂有限公司生产高效引气减水剂，建议掺量为胶凝材料用量的 0.5%~1.2%，技术指标如表 3-5 所列。

表 3-5　SDJ 聚羧酸高效引气减水剂技术指标

密度/（g/cm^3）	含固量/%	减水率/%	引气量/%	28 天抗压强度比/%
1.07±0.02	20	20~35	3~5	≥135

（4）引气剂，咸阳市混凝土外加剂有限公司生产，建议掺量为胶凝材料用量的 0.3‰~0.6‰，引气量 3%~6%。

拌和用水为饮用自来水。

3.2　配合比设计方法

为了获得具有一定要求特性的混凝土，选择好组成材料只是第一步，重要的是第二步的配合比设计，使各组成材料能够正确合适地组合相配。对于机场道面混凝土，在进行配合比设计时，主要考虑混凝土的工作性、强度、长期性能和耐久性、造价四个方面[134]。

3.2.1 道面混凝土配合比设计方法

1. 普通道面混凝土配合比设计

空军工程大学机场建筑工程系马国靖、王硕太等人采取绝对密实体积法进行道面混凝土配合比设计，经过大量试验研究和理论分析，取得了一系列成果[134-136]，提出了机场道面普通混凝土配合比设计方法，具体步骤如下。

（1）确定混凝土配制抗折强度：

$$f_{f配} = f_{f设} + 1.645\sigma \tag{3-1}$$

式中 $f_{f配}$——道面混凝土的配制抗折强度，28 天（MPa）；

$f_{f设}$——道面混凝土的设计抗折强度，28 天（MPa）；

1.645——混凝土强度保证率 95%对应的概率；

σ——施工单位混凝土抗折强度标准差（MPa）。

（2）计算水灰比 W/C。根据施工所用水泥实测 28 天抗折强度 f_f^c 和道面混凝土的配制抗折强度 $f_{f配}$，用以下公式求出水灰比：

碎石混凝土：

$$f_{f配} = 1.32 f_f^c (0.96 - W/C) \tag{3-2}$$

卵石混凝土：

$$f_{f配} = 1.13 f_f^c (1.03 - W/C) \tag{3-3}$$

式中 $f_{f配}$——道面混凝土配制抗折强度，28 天（MPa）；

f_f^c——水泥实测 28 天抗折强度（MPa）；

W/C——混凝土水灰比。

（3）确定单位水泥用量 C、用水量 W。在水灰比选定的条件下，用水量的多少决定着水泥用量的多少，减水剂的出现，混凝土流动性的大小不再主要取决于用水量的多少，在很大程度上由减水剂的性质和掺量决定，流动性与用水量已不存在显著的相关性，因此，通过用水量决定胶凝材料的方法值得探讨[137]。

对于道面混凝土来说，工作环境恶劣，承受气候和环境的长期破坏作用，耐久性问题非常重要，因此除了强度指标外，更重要的是耐久性指标，胶凝材料的种类、性质和掺量是最直接的决定因素。所以，道面混凝土应首先选择胶凝材料的用量。道面混凝土的水泥用量为 300~330kg/m^3，同时要保证混凝土的最低水泥用量，以确保水泥与集料的黏结强度和耐久性。水泥最低用量不得低于 300kg/m^3。选取某一水泥用量 C 后，根据水灰比求出单位用水量 W。

（4）确定砂率，计算砂、石用量。

计算砂石比：

$$K = \frac{\rho_{os}}{\rho_{og}} \times \frac{\rho_g}{\rho_s} \times V_o \times \alpha \tag{3-4}$$

绝对体积含砂率：

$$S_p = \frac{K}{1 + K} \tag{3-5}$$

砂石绝对总体积：

$$V_{总} = 1000 - \frac{m_c}{\rho_c} - \frac{m_w}{\rho_w} - 10\alpha_o \tag{3-6}$$

式中　K——砂石绝对体积比；

S_p——砂率；

ρ_{os}——砂的堆积密度（kg/m^3）；

ρ_s——砂的绝对密度（g/cm^3）；

ρ_{og}——石子的堆积密度（kg/m^3）；

ρ_g——石子的绝对密度（g/cm^3）；

V_0——石子的空隙率；

α——拨开系数，取 1.1~1.3；

α_0——混凝土中含气百分数，在不使用引气剂外加剂时 α_0 取 1。

根据砂率分别计算出砂石体积，再根据砂石密度，算出砂石用量。

（5）试拌调整。无论采用何种配合比设计方法都应该试拌调整，目的是检验计算出的配合比流动性与强度是否满足设计要求，通过此项操作，对水泥用量、水灰比和砂率等进行优选，以达到最优的、与实际相符的要求。道面混凝土配合比的试拌调整通常包含工作性与抗折强度检验两项。

工作性的调整可按优选法在计算砂率附近选择几个不同的砂率，然后分别拌制混凝土拌合物，测定其 Vb 稠度，同时观察黏聚性和保水性，选 Vb 稠度最小的为最佳砂率。如果在最佳砂率下流动性仍然偏小，则保持水灰比，适当增加用水量；反之，减少用水量。

抗折强度检验是对满足工作性要求的拌合物，测定其 28 天的抗折强度。如果结果与设计要求的配制强度相差较多，应调整水灰比，一般应同时进行几个不同的水灰比，进行混凝土的抗折强度检验，选择符合抗折强度设计要求的配合比。

最终综合考虑工作性、强度、耐久性和造价等因素，确定实验室配合比。现场施工时，应根据现场材料状况再进行试拌调制，确定施工配合比。

2. 掺加粉煤灰的道面混凝土配合比设计

掺粉煤灰的混凝土配合比设计，常用的方法（等量取代法、超量取代法）虽然对粉煤灰混凝土的应用起到了指导作用，但都不能定量地反映粉煤灰在混凝土中对强度与工作性的作用，没有找出 Abrams 定则在粉煤灰混凝土中的合理作用形式，况且利用这些方法所推导出的粉煤灰掺量与试验所得出的结果存在着较大的差异。另外，此类方法比较复杂，不实用。马国靖、王硕太等人对掺加粉煤灰道面混凝土进行了研究，通过大量试验和理论分析，得到掺优质粉煤灰的高强道面混凝土抗折强度公式[138]：

$$f_{f配}/f_f^c = 1.267 - 1.082W/C \tag{3-7}$$

式中 $f_{f配}$——粉煤灰道面混凝土配制抗折强度，28 天（MPa）；

f_f^c——施工所用水泥实测 28 天抗折强度（MPa）；

W/C——掺粉煤灰道面混凝土水灰比。

提出掺加粉煤灰的道面混凝土配合比设计方法——独立设计法，较好地解决了以上问题，具体步骤如下。

（1）确定混凝土配制抗折强度 $f_{f配}$。方法同普通道面混凝土配合比设计。

（2）计算水灰比 W/C。根据粉煤灰道面混凝土配制抗折强度 $f_{f配}$ 和施工所用水泥实测 28 天抗折强度 f_f^c，利用式（3-7）求出水灰比。

（3）确定最佳粉煤灰掺量：

$$P = F/(F + C) \tag{3-8}$$

式中 P——粉煤灰掺量（%）；

F——1m³混凝土粉煤灰用量（kg）；

C——1m³混凝土水泥用量（kg）。

最佳粉煤灰掺量存在的原因：在混凝土中，水泥和粉煤灰共同作用，使混凝土的性能达到峰值，超过此峰值，过量的粉煤灰则会带来因细粒料过多而引起的副作用[136]。

粉煤灰最佳掺量是水灰比的函数，其取值由试验得出，如图 3-1 所示。

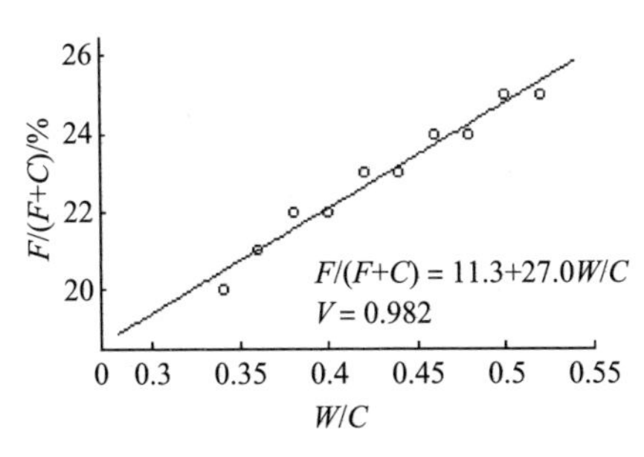

图 3-1 粉煤灰最佳掺量选用

根据已经确定的水灰比，选取一个最佳粉煤灰掺量。

（4）确定单位水泥用量 C、用水量 W、粉煤灰用量 F。依据道面混凝土的工作性要求及所需配制抗折强度，通过试验确定水泥用量。试验时可参照表 3-6 选择水泥用量（表 3-6 所列数值由试验得出）。选取某一水泥用量 C 后，则由 $W=C\times W/C$，求出用水量 W，再由 $F=[P/(1-P)]\cdot C$，求出粉煤灰用量 F。

表 3-6　水泥用量选用表

混凝土配制抗折强度/MPa	5.6~6.7	7.2~8.4	9.0~11.0
1m³混凝土水泥用量/kg	250~300	300~350	350~400

（5）确定骨料用量。采用绝对密实体积法，方法同普通道面混凝土配合比设计，求出砂、石用量。

（6）试拌调整。试拌调整方法同普通道面混凝土配合比试拌调整，对水泥用量、水灰比、矿物外掺料掺量、砂率和外加剂掺量进行优选，综合考虑工作性、强度、耐久性和造价等方面，达到最优。

3.2.2　再生混凝土配合比设计方法

1. 再生骨料预吸水法

由于再生骨料空隙率大、吸水速度快和吸水率大，按照普通混凝土配合比设计方法配制的再生混凝土在不调整用水量的条件下，工作性比普通混凝土差，张亚梅等人采用了废混凝土骨料预吸水的方法，按照普通混凝土配合比设计方法设计再生混凝土配合比，在此计算的混凝土拌和用水量的基础上，增加再生骨料经一定时间（10~40min）的吸水量，即实际拌和再生混凝土时的用水量由两部分组成：一部分是按照配合比设计计算的单位用水量；另一部分为考虑再生集料的吸水率而额外增加的用水量[77]。试验结果表明，废混凝土骨料预吸水的方法有效地解决了再生混凝土的工作性问题。考虑到施工的方便，拌和时，两部分用水实际上是同时加入的。

2. 自由水灰比法

针对再生混凝土在相同用水量的条件下工作性比普通混凝土差，史巍等人提出了基于自由水灰比之上的配合比设计方法，将再生混凝土的拌和用水量分为两部分：一部分为骨料所吸附的水分，这部分完全被骨料所吸收，在拌合物中不能起到润滑和提高流动性的作用，把它称为吸附水，吸附水为骨料吸水至饱和面干状态时的用水量；另一部分为拌和用水量，这部分水分布在水泥砂浆中，提高拌合物的流动性，并且在混凝土凝结硬化时，这部分自由水除有一部分蒸发外，其余的要参与水泥的水化反应，称为自由水。其中，自由水与水泥用量之比称为自由水灰比，配合比设计时，再生混凝土的强度主要取决于自由水灰比。拌和混凝土时，预先把根据再生骨料种类及吸水率计算出的吸附水和再生骨料进行拌和，然后再生骨料才用于混凝土拌和[78]。此法拌和的再生混凝土工作性与普通混凝土相同，坍落度经时损失很少。但施工不方便，多了一个工序，即对再生骨料和吸附水进行拌和。

3.2.3 道面再生混凝土配合比设计方法

本书在马国靖、王硕太等人的研究成果的基础上[134-136,138]，结合相关的配合比设计规范[129,139]与空军工程大学机场建筑工程系建筑材料实验室多年的经验，基于再生骨料预吸水法、绝对密实体积法和独立设计法，进行道面再生混凝土的配合比设计。

首先进行普通道面混凝土基准配合比设计，根据设计要求和经济合理的原则选用原材料，通过试拌调整，对水泥用量、水灰比和砂率进行优选，进行配合比设计优化，确定普通道面混凝土基准配合比。

其次，进行道面再生混凝土配合比设计，考虑到施工方便，结合张亚梅等人[77]的再生骨料预吸水法，在普通道面混凝土基准配合比的基础上，采用独立设计法进行配合比设计，通过试拌调整，对水泥用量、水灰比、粉煤灰掺量、砂率和外加剂掺量进行优选，确定道面再生混凝土配合比。进行总结，具体步骤如下。

（1）确定混凝土配制抗折强度$f_{f配}$。方法同普通道面混凝土配合比设计。

（2）计算道面再生混凝土的灰水比。根据 3.3.3 节、4.3 节的配合比和强度结果，进行回归分析，得到灰水比公式为

$$C/W = 0.831 f_{f配}/f_f^c + 1.229 \tag{3-9}$$

式中 f_f^c——实测水泥 28 天抗折强度（MPa）；

C/W——道面再生混凝土灰水比。

根据式（3-9）计算的水灰比，要进行耐久性校核，不得超过规范相关规定的最大水灰比[129]。

（3）选择最优粉煤灰掺量。一般水灰比数值较大，应取较大的粉煤灰掺量；粉煤灰质量较好时也应该取较大的粉煤灰掺量。对于道面再生混凝土，考虑到再生骨料比较粗糙，粉煤灰最优掺量要比同配比道面天然骨料混凝土高一些，在确定的掺量范围内取上限，一般当采用Ⅰ级、Ⅱ级粉煤灰时，其最优粉煤灰掺量为 25%～30%。

（4）选择用水量、减水剂掺量。道面再生混凝土用水量应满足规范耐久

性要求，不能超过规范限值，根据本书配合比设计和调整确定了部分类型的减水剂掺量，用水量和高效减水剂掺量可参考表 3-7 选择，最终要通过试拌确定。

表 3-7 道面再生混凝土用水量、减水剂掺量

<table>
<tr><td colspan="3">粉煤灰需水量比/%</td><td>95</td><td>100</td><td>105</td></tr>
<tr><td colspan="3">用水量/（kg/m³）</td><td>140~143</td><td>143~148</td><td>148~152</td></tr>
<tr><td rowspan="3">高浓萘系减水剂掺量占水泥百分比/%</td><td rowspan="3">W/（F+C）</td><td>0.36</td><td>0.9</td><td>1.0</td><td>1.0</td></tr>
<tr><td>0.38</td><td>0.9</td><td>0.9</td><td>1.0</td></tr>
<tr><td>0.40</td><td>0.8</td><td>0.9</td><td>0.9</td></tr>
<tr><td rowspan="3">氨基磺酸盐减水剂掺量占水泥百分比/%</td><td rowspan="3">W/（F+C）</td><td>0.36</td><td>1.7</td><td>1.8</td><td>1.9</td></tr>
<tr><td>0.38</td><td>1.7</td><td>1.8</td><td>1.8</td></tr>
<tr><td>0.40</td><td>1.6</td><td>1.7</td><td>1.8</td></tr>
<tr><td colspan="6">注：W/（F+C）——水胶比，其中 W 为用水量，F 为粉煤灰用量，C 为水泥用量</td></tr>
</table>

其他减水剂、引气剂掺量可根据试验确定。

（5）确定其他材料用量。根据所确定的灰水比、选择的用水量，计算出水泥用量和粉煤灰掺量，再采用绝对密实体积法，求出砂、石用量。

（6）试拌调整。试拌调整方法同普通道面混凝土配合比试拌调整，对水泥用量、水灰比、矿物外掺料掺量、砂率和外加剂掺量进行优选，综合考虑工作性、强度、耐久性和造价等方面，达到最优。

3.3 基准配合比及道面再生混凝土配合比

依据 3.2 节所述配合比设计方法，进行基准配合比及道面再生混凝土配合比设计，配合比设计指标、基准配合比及道面再生混凝土配合比如下。

3.3.1 配合比设计指标

1. 工作性

Vb 稠度 10~15s，由于再生骨料孔隙多，吸水率大，且大部分水分是在 30min 内吸收的，新拌混凝土的工作性在 30min 左右的时间内有较大损失，针对此特点，考虑施工等因素，工作性要求比道面天然骨料混凝土的 Vb 稠度 15~30s 的要求稍小一些[135]。

2. 设计抗折强度及实验室配制强度

设计抗折强度等级为 5.0MPa，根据目前施工部队施工控制水平，混凝土抗折强度标准差取 0.4MPa，则实验室配制抗折强度为 5.66MPa[129]。

3.3.2 天然骨料普通道面混凝土基准配合比

根据上述配合比设计方法和试验用材料的有关参数以及设计指标，利用天然骨料，参照式（3-1）、式（3-2）计算得出：水灰比 $W/C=0.45$，砂率 $S_p=0.30$。在计算结果的基础上，又选择了两个水灰比 0.43、0.47，3 个水泥用量 310kg、320kg、330kg，3 个砂率 0.28、0.30、0.32 共 9 个参数，结合马国靖、王硕太的道面混凝土配合比设计成果，在进行配合比优化设计与试拌调整的基础上，确定了 9 个配合比，如表 3-8 所列。

表 3-8 配合比试验结果

编号	水灰比	水泥/kg	砂率/%	Vb 稠度/s	28 天抗折强度/MPa	28 天抗压强度/MPa
1	0.43	320	28	28	5.96	54.9
2	0.43	320	30	16	6.04	55.6
3	0.43	330	32	21	6.15	55.1
4	0.45	310	28	18	5.77	54.5
5	0.45	320	30	13	5.92	55.2
6	0.45	320	32	15	5.88	54.9
7	0.47	310	28	12	5.66	53.3
8	0.47	310	30	10	5.68	53.7
9	0.47	320	32	13	5.73	54.7

表中 9 个配比的工作性、抗折强度均满足道面混凝土设计要求。综合考虑强度、工作性、耐久性和经济性等，最终选定 5 号配比为普通道面混凝土基准配合比，类型代号为 P，具体材料用量如表 3-9 所列。

表 3-9 基准混凝土配合比

	水泥	水	砂子	大石	小石
1m³混凝土材料用量/kg	320	144	586	858	572

3.3.3 道面再生混凝土配合比

在基准配合比的基础上，考虑到施工方便，结合张亚梅等人的再生骨料预吸水法[77]，采用独立设计法进行配合比设计，通过试拌调整，对水泥用量、水灰比、粉煤灰掺量、砂率和外加剂掺量进行优选，并且强度满足要求，最终确定道面再生混凝土配合比，如表3-9所列。配合比优化调整过程中发现，由于道面再生骨料多棱角、吸水率大，道面再生混凝土粉煤灰最优掺量，要比根据图3-1确定同配比道面天然骨料混凝土粉煤灰掺量高约2%，本书为便于对比分析，表3-10同配比天然骨料混凝土粉煤灰掺量与道面再生混凝土相同。

表3-10 试验配合比

编号	类型	水泥/(kg/m^3)	水/(kg/m^3)	粉煤灰/(kg/m^3)	水胶比	砂率/%	减水剂掺量/(%(C+F))	引气剂掺量/(‰(C+F))	Vb稠度/s
1	TFD	300	144	100	0.36	30	0.5	—	10
2	TFA	300	144	100	0.36	30	0.5	—	12
3	TS	300	144	100	0.36	30	0.7	—	10
4	Z1FD	300	154	100	0.385	36	0.6	—	13
5	Z1FA	300	154	100	0.385	36	0.8	—	12
6	Z1S	300	154	100	0.385	36	0.8	—	14
7	Z2FD	300	154	100	0.385	36	0.6	—	14
8	Z2FA	300	154	100	0.385	36	0.7	—	15
9	Z2S	300	154	100	0.385	36	0.8	—	13
10	Z3S	300	144	100	0.36	40	1.5	—	13
11	Z3SY1	310	139.4	100	0.34	40	1.7	0.5	12
12	Z3SY2	320	134.4	100	0.32	40	1.9	0.5	13
13	Z4S	300	144	100	0.36	40	0.9	—	15
14	Z4SY	320	134.4	100	0.32	40	2.0	0.5	11

注：类型中T表示天然骨料，Z1、Z2、Z3、Z4分别表示XN机场、ZY机场废弃跑道混凝土再生骨料和实验室废弃混凝土试件再生骨料，FD、FA、S、Y分别代表FDN减水剂、FAC聚羧酸减水剂、SDJ聚羧酸引气减水剂、引气剂

1. 再生骨料 Z1、Z2

掺加三种不同外加剂的道面再生混凝土配合比 Z1FD、Z1FA、Z1S 与 Z2FD、Z2FA、Z2S，以及用于做对比试验研究的三个同配比天然骨料混凝土（用水量比道面再生混凝土少 10kg 再生骨料吸附水）配比 TFD、TFA、TS。

2. 再生骨料 Z3、Z4

水胶比分别为 0.36、0.34、0.32 的配合比 Z3S、Z3SY1、Z3SY2，水胶比分别为 0.36、0.32 的配合比 Z4S、Z4SY。

从表 3-10 可以看出，配合比的工作性均满足道面再生混凝土设计要求，本书所述道面再生混凝土的各种性能研究与应用等均在此基础上进行。

第4章　道面再生混凝土的性能

再生混凝土虽然在房屋建筑工程等领域已研究应用较多，但在要求较高的机场道面工程中很少。在我军机场道面工程中主要采用天然骨料混凝土，对于机场道面再生混凝土这种新型材料，有必要针对道面混凝土的特点及工作环境，参照天然骨料混凝土性能的研究方法，对道面再生混凝土的疲劳特性、干燥收缩特性、抗渗、抗冻、耐磨等长期性能和耐久性能进行研究分析，明确其性能及机理，为在机场道面工程中推广应用再生混凝土提供参考。

4.1　含气量

工程实践与室内研究均表明：提高混凝土耐久性的一个十分重要的有效措施是使混凝土拌合物有一定的含气量。掺加引气剂，使混凝土内部具有适当的含气量，改善了混凝土内部的孔结构，大大提高混凝土的抗冻、抗渗耐久性。掺加引气减水剂，在使混凝土具有一定含气量的同时，可减少单位用水量，提高混凝土抗冻耐久性效果则更明显。国内外的大量研究成果与工程实践均表明引气后混凝土的抗冻性可成倍提高[140-142]。本节采用单掺引气减水剂，或复掺引气减水剂和引气剂，增加道面再生混凝土含气量，研究道面再生混凝土含气量特性，提出有抗冻要求地区的道面再生混凝土的含气量指标确定的参考方法。

含气量测定参照《普通混凝土拌合物性能试验方法标准》规定进行[143]。采用直读式含气量测定仪，可以直接读数测定拌合物的压力值，通过含气量与气体压力之间的关系曲线，确定混凝土拌合物的含气量。对第3章所确定的各试验配合比的新拌混凝土含气量进行测定，结果如表4-1所列。

表 4-1　道面再生混凝土与天然骨料混凝土的含气量

类型	P	TFD	TFA	TS	Z1FD	Z1FA	Z1S	
含气量/%	1.0	1.5	1.7	4.1	2.3	2.7	4.7	
类型	Z2FD	Z2FA	Z2S	Z3S	Z3SY1	Z3SY2	Z4S	Z4SY
含气量/%	2.5	2.6	5.1	4.8	6.0	5.6	5.9	6.1

由表 4-1 可知，道面再生混凝土含气量较同配比天然骨料混凝土含气量高。Z1FD、Z1FA、Z1S 比同配比天然骨料混凝土 TFD、TFA、TS 的含气量分别高 0.8%、1.0%、0.6%，Z2FD、Z2FA、Z2S 比同配比天然骨料混凝土 TFD、TFA、TS 的含气量分别高 1.0%、0.9%、1.0%，Z4S 含气量为 5.9%，比 TS 含气量高 1.8%。原因在于再生骨料含有一定量的砂浆，其含气量比天然骨料高，用引气型基体混凝土生产的再生骨料含气量更高。在实验室对所用天然骨料与再生骨料含气量进行了测定，天然骨料 T 含气量为 0.3%，再生骨料 Z1、Z2、Z3、Z4 分别为 1.0%、0.9%、1.7%、2.9%，与道面再生混凝土含气量和天然骨料混凝土的含气量差别基本一致，因此建议对有抗冻要求地区的道面再生混凝土的含气量指标进行规定的时候，必须考虑再生骨料含气量和基体混凝土含气量，4.7 节再生混凝土抗冻性研究更进一步证明了这个结论。再生混凝土推荐含气量计算公式为

$$A_Z = A_T + (a_z - a_t) \tag{4-1}$$

式中　A_Z——再生混凝土推荐含气量（%）；

A_T——天然骨料混凝土推荐含气量（%）；

a_z——再生骨料含气量（%）；

a_t——天然骨料含气量（%）。

根据式（4-1），对 Z1、Z2 所配制的混凝土的含气量计算值，与 Z1FD、Z1FA、Z1S，Z2FD、Z2FA、Z2S 含气量实测值进行线性回归分析，结果如图 4-1、图 4-2 所示。

从图 4-1、图 4-2 可以看出，相关性较高，说明根据式（4-1）在天然骨料含气量基础上确定道面再生混凝土推荐含气量推荐值是可行的。

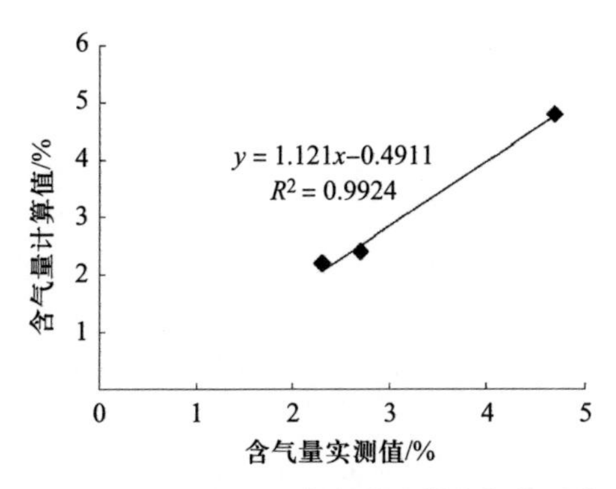

图 4-1　Z1FD、Z1FA、Z1S 含气量计算值与实测值回归图

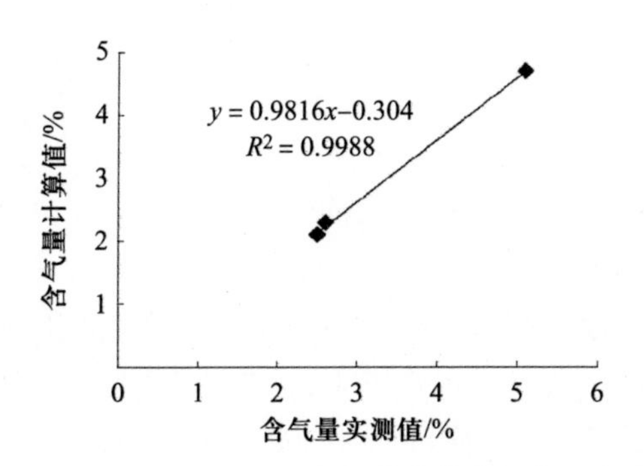

图 4-2　Z2FD、Z2FA、Z2S 含气量计算值与实测值回归图

4.2　工作性

混凝土的工作性对保证混凝土达到设计强度和耐久性能等各种性能有重要的意义。混凝土拌合物的工作性是一项综合的技术性质，它包括流动性、黏聚性、保水性三方面的含义。到目前为止，还没有确切的单一指标反映混凝土拌合物的工作性。针对混凝土的流动性大小，一般用坍落度表示流动性较大的混凝土的工作性，用 Vb 稠度表示流动性较小的混凝土的工作性[128]。本书研究配制的道面混凝土属于流动性较小的干硬性混凝土，采用 Vb 稠度指标表示道面混凝土的工作性，同时观察其黏聚性和保水性。

由于再生骨料含有一定量的砂浆，使再生骨料吸水率大，表面粗糙，棱角多，易导致再生混凝土工作性差。参照国家标准《普通混凝土拌合物性能试验方法标准》[143]，对道面再生混凝土和天然骨料混凝土的工作性以及经时损失进行试验研究。

4.2.1 工作性分析

对所确定的配合比的新拌混凝土的 Vb 稠度进行测定，结果如表 4-2 所列。

表 4-2 道面再生混凝土与天然骨料混凝土的工作性

类型	P	TFD	TFA	TS	Z1FD	Z1FA	Z1S	—
Vb 稠度/s	13	10	12	10	13	12	14	—
类型	Z2FD	Z2FA	Z2S	Z3S	Z3SY1	Z3SY2	Z4S	Z4SY
Vb 稠度/s	14	15	13	13	12	13	15	12

表 4-2 表明，通过掺加优质粉煤灰和高效外加剂，预先添加了再生骨料吸附水，使新拌道面再生混凝土工作性均达到了设计指标 10~15s，满足规范要求[129]。同时，由于再生骨料开始吸水、后期又缓慢释放水分和粉煤灰的增粘保水作用，道面再生混凝土的保水性和黏聚性都较好。但由于再生骨料含有大量旧砂浆、裂缝、孔隙，表面粗糙，吸水率大，容易造成新拌道面再生混凝土工作性不好，因此道面再生混凝土用水量多 10kg 再生骨料吸附水的基础上，比同配比天然骨料混凝土外加剂多用了 0.1%~0.3%，才达到了同样的工作性。

4.2.2 工作性经时损失

混凝土的工作性经时损失必须在一定的范围内，才能保证在不利条件下有足够的施工时间。对于机场道面混凝土，工作性要求 Vb 稠度为 15 ~30s，考虑有足够的施工时间，经过 1h 后，道面再生混凝土 Vb 稠度应不大于 30s。为便于比较，对部分道面再生混凝土和天然骨料混凝土配合比的工作性，分别测定其初始和不同时段的 Vb 稠度值，结果如表 4-3 所列。

表 4-3 道面再生混凝土和天然骨料混凝土的工作性经时损失

类型	Vb 稠度初始值/s	15minVb 稠度/s/相对初始值增长/%	30minVb 稠度/s/相对初始值增长/%	1hVb 稠度/s/相对初始值增长/%
P	13	14/8	17/31	21/62
TS	10	10/0	12/20	14/40
Z1S	14	15/7	17/21	21/50
Z2S	13	14/8	16/23	20/54

为便于对比分析，根据表 4-3 数据，作道面再生混凝土与天然骨料混凝土的工作性经时损失趋势图，如图 4-3 所示。

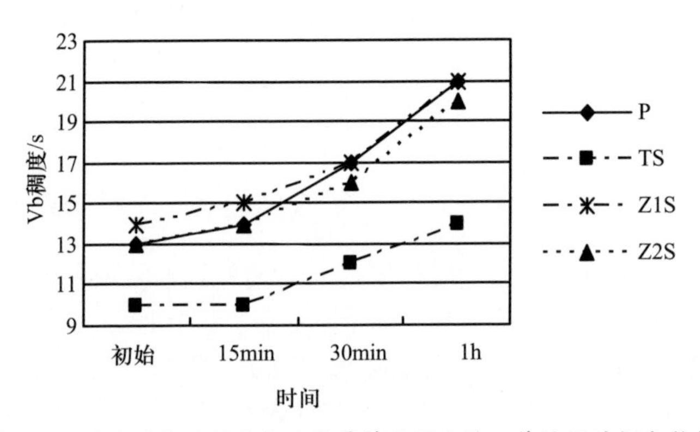

图 4-3 道面再生混凝土与天然骨料混凝土的工作性经时损失趋势

从表 4-3 及图 4-3 可以看出，道面再生混凝土工作性损失比普通道面混凝土小，比同配比天然骨料混凝土工作性经时损失大。虽然再生骨料含有旧水泥砂浆，使再生骨料吸水率大、吸水速率快，但通过掺加优质粉煤灰和高效外加剂，同时，由于再生骨料开始吸水，后期又缓慢释放的作用，使道面再生混凝土保水性和黏聚性都较好，工作性经时损失较普通道面混凝土小，新拌道面再生混凝土混合料经过 1h 后，Vb 稠度小于 30s，满足工作性经时损失要求。

从表 4-3 及图 4-3 还可以看出，Z1S、Z2S 工作性经时损变化规律与表 2-5 中再生骨料吸水率变化情况一致。Z2S 各时段工作性经时损失较 Z1S 大，主要原因在于再生骨料 Z2 颗粒成分中砂浆含量较高，另外，Z2 基体混凝土为碎卵石，光滑面过渡区更容易形成产生裂缝，用来生产再生骨料生产过程中在破碎机作用下也容易形成裂缝，所有这些原因造成再生骨料 Z2 吸水率大，最终导致 Z2S 各时段工作性经时损失较 Z1S 大。在实际施工中，首先要控制好再生骨料砂浆含量，以控制其吸水率，避免新拌道面再生混凝土经时损失过大，同时应根据现场再生骨料吸水率和道面再生混凝土工作性经时损失情况，统筹安排好搅拌和铺筑速度，避免混合料供应不足，或者过多不能及时铺筑工作性损失过大，影响铺筑质量。

4.3 强　　度

混凝土的强度是其基本的性质，一定程度上被认为是最重要的性能，可以大体上反映混凝土的质量，混凝土的许多性质包括弹性模量、水密性、抗渗性和抗风化性等均与强度直接有关[3]。本节对掺加不同外加剂的道面再生混凝土与天然骨料混凝土及普通道面混凝土的强度及其关系、规律、影响因素进行对比研究分析。

4.3.1 强度分析

以3.3节中所确定的配合比为基础，参照国家标准《普通混凝土力学性能试验方法标准》[144]，对道面再生混凝土及同配比天然骨料混凝土，普通道面混凝土的抗折、抗压强度进行试验，并计算出抗折强度与抗压强度的比值(折压比)，结果如表4-4所列。

表4-4　道面再生混凝土与天然骨料混凝土的强度

类型	P	TFD	TFA	TS	Z1FD	Z1FA	Z1S	—
抗折强度/MPa	5.92	7.13	7.42	7.48	6.21	6.15	6.57	—
抗压强度/MPa	55.2	58.9	57.2	60.1	58.9	57.3	55.7	—
折压比	0.107	0.121	0.130	0.124	0.105	0.107	0.118	—
类型	Z2FD	Z2FA	Z2S	Z3S	Z3SY1	Z3SY2	Z4S	Z4SY
抗折强度/MPa	6.24	6.16	6.43	6.15	5.96	6.03	6.01	6.08
抗压强度/MPa	58.8	57.5	57.4	58.7	52.3	56.3	55.5	56.9
折压比	0.106	0.110	0.112	0.105	0.114	0.107	0.108	0.109

从表4-4可以看出，用4种再生骨料所配制的道面再生混凝土抗折强度均比普通道面混凝土高，均满足设计目标要求。而且道面再生混凝土强度均高于再生骨料基体混凝土强度，由此可以说明，通过采取措施，在机场道面工程领域，也完全可以用配制出比原基体混凝土强度高的道面再生混凝土。对道面混凝土抗折强度、抗压强度及二者关系分析（折压比）如下。

1. 抗折强度

由表4-4可以看出，道面再生混凝土抗折强度满足道面抗折强度设计指标要求，较普通道面混凝土稍高，但比同配比天然骨料混凝土低。通过“双掺技术”，用再生骨料 Z1、Z2 配制的道面再生混凝土（Z1FD、Z1FA、Z1S、Z2FD、Z2FA、Z2S）的抗折强度较普通道面混凝土（P）提高 4%～11%。但较同配比的天然骨料混凝土（TFD、TFA、TS）分别低 15%～21%，主要原因是再生骨料本身存在裂缝、孔隙等缺陷，而抗折强度对混凝土内部存在的裂缝、孔隙等缺陷非常敏感，所以与同配比天然骨料道面混凝土相比，道面再生混凝土抗折强度降低幅度较大。Z3、Z4 配制的再生混凝土（Z3S、Z3SY1、Z3SY2、Z4S、Z4SY）的抗折强度比普通道面混凝土（P）提高不大，仅提高了约 1%～4%，主要原因是用 Z3、Z4 配制的再生混凝土含气量较高，导致强度提高不明显，但均仍满足道面设计强度要求。

2. 抗压强度

由表 4-4 可以看出，道面再生混凝土抗压强度较普通道面混凝土提高不明显，与同配比天然骨料混凝土基本相同。道面再生混凝土抗压强度分别较普通道面混凝土提高 1%～7%。与同配比天然骨料道面混凝土相比，道面再生混凝土抗压强度稍低，但个别配比强度比同配比天然骨料混凝土稍高或持平，主要原因在于抗压强度测定时强大的压应力使道面再生混凝土内部部分裂缝、孔隙闭合，所以抗压强度对混凝土内部存在的裂缝、孔隙等缺陷不如抗折强度敏感[134]。另外，在道面再生混凝土搅拌过程中，再生骨料吸收水分，形成降低水灰比的作用，在道面再生混凝土凝结硬化阶段，搅拌过程中再生骨料所吸收水分又缓慢释放，形成内养护作用，对道面再生混凝土强度发展十分有利，所以虽然再生骨料由于含有强度较低、孔隙较多的砂浆，生产过程产生裂缝，但抗压强度仍较高，与同配比天然骨料道面混凝土相当。

3. 抗折强度与抗压强度的关系

抗压强度是结构设计中的主要技术指标，但有时需要同时考虑抗折强度，例如公路路面和机场道面水泥混凝土设计时主要考虑抗折强度，因此有必要研究讨论道面再生混凝土的抗折强度与抗压强度之间的关系，或者抗折强度与抗压强度的比值，简称折压比，为设计和施工中强度控制提供参考。

已有研究结果表明，水泥混凝土抗折强度随着抗压强度的增大而增大，相对于抗压强度，抗折强度对养护条件、内部空隙、裂缝更为敏感，但对于引气混凝土则是例外，随着含气量的增大，二者均降低，抗压强度降低更为明显[3]，从表 4-4 中含气量稍大的混凝土的折压比相对较大可以验证这个趋势。从表 4-4 还可以看出，道面再生混凝土折压比只比普通道面混凝土稍大，比同配比天然骨料混凝土折压比小得多，主要原因是抗折强度对混凝土内部的裂缝、孔隙等缺陷比抗压强度对其敏感[134]，再生骨料含有强度较低、孔隙较多的旧水泥砂浆，生产过程中易产生裂缝，所以与同配比天然骨料混凝土相比，道面再生混凝土抗折强度降低较多，低 15%~21%，但抗压强度变化不大，甚至个别配比（Z1FD、Z1FA、Z2FD、Z2FA）与同配比天然骨料混凝土（TFD、TFA）抗压强度相当或稍有提高，所以折压比较小。为了定量地分析二者的关系，通常在一定范围内，对二者进行回归分析，为设计施工中强度控制提供参考。描述二者关系的公式较多，最常用的公式为

$$f_f = k(f_c)^n \tag{4-2}$$

式中 f_f——抗折强度，28 天（MPa）；

f_c——抗压强度，28 天（MPa）；

k、n——回归系数。

由于混凝土内部结构的不均匀性和性能测量值的离散性，特别是对于不同含气量、不同强度等级的混凝土，式（4-2）中的系数 k、n 有较大的差异，因此有必要对不同类型的军用机场道面再生混凝土的折强度与抗压强度的关系进行统计分析，分别得到合适的系数 k、n 值。通过对表 4-4 中的非引气型（Z1FD、Z1FA、Z2FD、Z2FA）、引气型（Z3S、Z3SY1、Z3SY2、Z4S、Z4SY）两种机场道面再生混凝土回归分析，结果如图 4-4、图 4-5 所示。

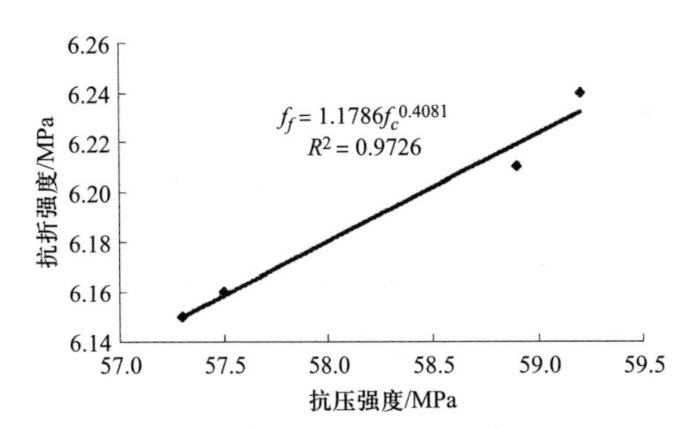

图 4-4　非引气型道面再生混凝土抗折强度与抗压强度关系

通过回归分析，非引气型折压强度关系式为

$$f_f = 1.1786 f_c^{0.4081} \tag{4-3}$$

式中 f_f——28 天抗折强度（MPa），下同；

f_c——28 天抗压强度（MPa），下同。

引气型折压强度关系式为

$$f_f = 2.1258 f_c^{0.26} \tag{4-4}$$

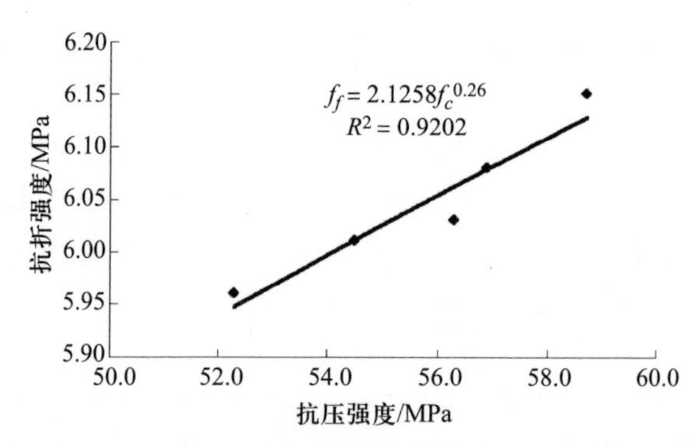

图 4-5　引气型道面再生混凝土抗折强度与抗压强度关系

由图 4-4 和图 4-5 可以看出，道面再生混凝土 28 天抗折强度与抗压强度相关程度较高，可以用式（4-3）和图 4-4 定量地描述分析其关系，为设计和施工提供参考。

4.3.2　强度发展规律

为了在道面实际施工和使用管理过程中控制、估算道面再生混凝土强度，有必要对道面再生混凝土的强度发展规律进行研究。不同于其他再生混凝土研究者一般只研究只有 90 天龄期以内强度，本书进行包括长达两年的较长龄期的试验。选取配合比普通道面混凝土 P、同配比天然骨料道面混凝土 TFD 和道面再生混凝土 Z1FD、Z2FD 进行各龄期（7 天、28 天、90 天、180 天、1 年(360 天)、720 天（2 年））强度试验，为了与现场条件接近，28 天以前标准养护，28 天以后试件不再进行养护，处于室外自然条件，抗折强度和抗压强度发展规律分别如图 4-6、图 4-7 所示。

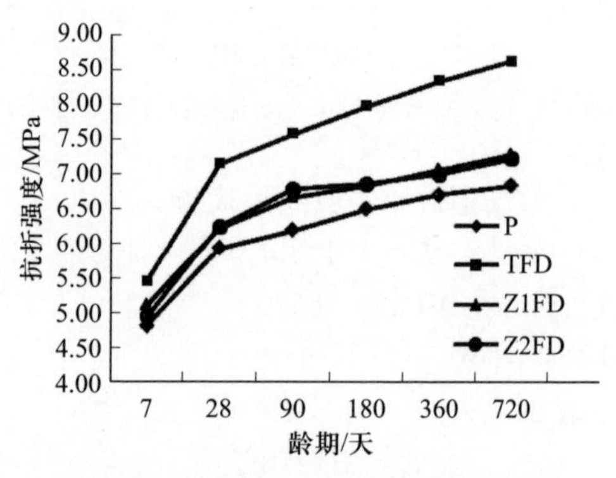

图 4-6　道面混凝土抗折强度发展规律

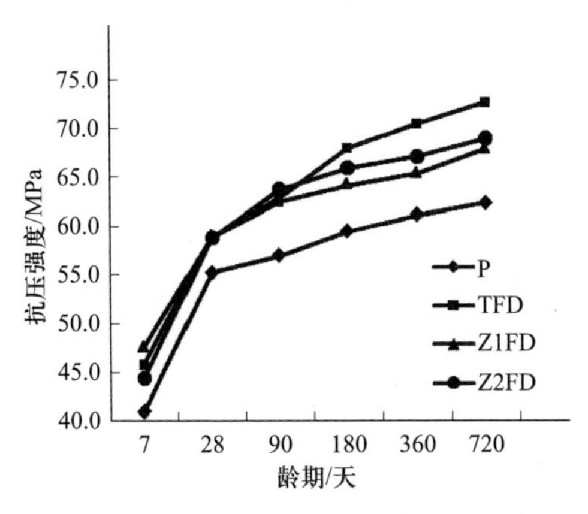

图 4-7 道面混凝土抗压强度发展规律

为了便于分析，定义一定龄期的抗折强度值与28天抗折强度值的比值为抗折强度龄期系数，同样，定义一定龄期的抗压强度值与28天抗压强度值的比值为抗压强度龄期系数，根据各龄期强度试验结果，进行计算，如表4-5所列。

表 4-5 道面混凝土的强度龄期系数

龄期/天	抗折强度龄期系数				抗压强度龄期系数			
	P	TFD	Z1FD	Z2FD	P	TFD	Z1FD	Z2FD
7	0.81	0.76	0.82	0.79	0.74	0.78	0.81	0.75
28	1.00	1.00	1.00	1.00	1.00	1.00	1.00	1.00
90	1.04	1.06	1.07	1.08	1.03	1.07	1.06	1.08
180	1.10	1.12	1.10	1.10	1.08	1.15	1.09	1.12
360	1.13	1.17	1.14	1.12	1.11	1.20	1.11	1.14
720	1.15	1.21	1.17	1.16	1.13	1.23	1.15	1.17

1. 抗折强度

从图4-6、表4-5可以看出，道面再生混凝土抗折强度发展规律与天然骨料道面混凝土一致，在28天以前发展较快，28天以后发展变缓。但在90天以前，道面再生混凝土抗折强度增长幅度大于天然骨料道面混凝土。主要原因可能是，在道面再生混凝土搅拌过程中，再生骨料吸收水分，形成降低水灰比作用，在道面再生混凝土后期凝结硬化阶段，搅拌过程中再生骨料所吸收水分又缓慢释放，形成内养护作用，对道面再生混凝土强度发展十分有利，所以道面再生混凝土早期强度发展较快，但随着龄期的增长，再生骨料吸收的水分逐渐被用尽，在 90 天以后，道面再生混凝土抗折强度增长幅度就小于天然骨料道面混凝土了。同时，由于再生骨料含有强度较低、孔隙较多的砂浆，生产过程产生裂缝，对抗折强度非常不利，因此最终道面再生混凝土 720 天抗折强度增长幅度小于天然骨料道面混凝土。

2. 抗压强度

从图 4-7 和表 4-5 可以看出，道面再生混凝土抗压强度发展规律与抗折强度发展规律一致，具体不再赘述。

3. 强度与龄期的关系

混凝土强度与龄期的关系为[128]

$$f_n = \frac{\lg_n}{\lg_{28}} f_{28} \tag{4-5}$$

式中　n——养护龄期；

f_n——n 天龄期混凝土强度；

f_{28}——28 天龄期混凝土强度。

式（4-5）通常只用于估算标准养护条件下的房屋建筑混凝土抗压强度。用其估算图 4-6、图 4-7 中其他龄期（除 28 天龄期外）强度结果，与实际值相比，误差较大，因此有必要对机场道面混凝土的强度与龄期的关系进行分析，得到适合机场道面混凝土的强度与龄期关系式。

采用 Origin7.5 软件，对图 4-6、图 4-7 中强度结果与龄期的关系进行优化回归分析，结果如表 4-6 所列。

表 4-6　道面混凝土的强度与龄期关系式

混凝土类型	强度类型	强度与龄期关系式	相关系数
P	抗折强度	$f_{fn}=4.48n^{0.06815}$	0.9121
TFD		$f_{fn}=5.01n^{0.08651}$	0.9179
Z1FD		$f_{fn}=4.74n^{0.06834}$	0.9194
Z2FD		$f_{fn}=4.65n^{0.0711}$	0.8872

续表

混凝土类型	强度类型	强度与龄期关系式	相关系数
P	抗压强度	$f_{cn}=37.38n^{0.08641}$	0.8382
TFD		$f_{cn}=41.37n^{0.09009}$	0.9359
Z1FD		$f_{cn}=44.85n^{0.06616}$	0.8893
Z2FD		$f_{cn}=42.20n^{0.08059}$	0.8561
式中：f_{fn}为 n 天龄期抗折强度（MPa）；f_{cn}为 n 天龄期抗压强度（MPa）；n 为龄期（天）			

从表 4-6 可以看出，所得道面混凝土的强度与龄期关系式相关性较高，可以用来估算机场道面混凝土各龄期强度。其中 TFD 的强度与龄期关系式相关系数最高，主要原因是其内部结构较均匀，强度结果离散性较小。而 P、Z1FD、Z2FD 相关系数稍低，主要原因是其内部结构没有 TFD 均匀，强度结果离散性较大，在第 5 章中可以得到证明。

4.3.3 水胶比对强度的影响

为便于分析，把水胶比分别为 0.36、0.34、0.32 的道面再生混凝土 Z3S、Z3SY1、Z3SY2，以及水胶比分别为 0.36、0.32 的道面再生混凝土 Z4S、Z4SY 的抗折、抗压强度试验结果从表 4-4 摘出，如表 4-7 所列。

表 4-7 不同水胶比的道面再生混凝土的强度

类型	Z3S	Z3SY1	Z3SY2	Z4S	Z4SY
水胶比	0.36	0.34	0.32	0.36	0.32
含气量/%	4.3	6.0	5.6	5.9	6.1
抗折强度/MPa	6.15	5.96	6.03	6.01	6.08
抗压强度/MPa	58.7	52.3	56.3	55.5	56.9

1. 抗折强度

由表 4-7 可以看出，在含气量差别不大的情况下，道面再生混凝土抗折强度随着水胶比的减小而增大，与天然骨料混凝土抗折强度变化规律一致。含气量对混凝土抗折强度影响显著，如水胶比为 0.36 的 Z3S 的抗折强度反而比水胶比为 0.34、0.32 的 Z3SY1、Z3SY2 高，原因是后者的含气量为 6%，而前者的含气量为 4.3%，相差较大；水胶比为 0.32 的 Z4SY 的抗折强度与抗压强度比水胶比为 0.36 的 Z4S 增加不多，是同样的原因。含气量对强度影响明显的主要原因是若含气量大，混凝土内部气泡多，减少了混凝土有效受力面积，抵消了降低水胶比对强度的提高作用。

2. 抗压强度

由表4-7可以看出，道面再生混凝土抗压强度变化规律与抗折强度变化规律一致，也随着水胶比的减小而增大，但由于含气量的影响，水胶比较小的Z3SY1、Z3SY2的强度反而比水胶比较大的Z3S低，因此，排除含气量的影响，道面再生混凝土抗压强度随水胶比变化规律与天然骨料混凝土一致。

为了初步探索道面再生混凝土水灰比定则公式，根据本书所用水泥、砂子、粉煤灰、FDN减水剂等材料，选择现场再生骨料Z1、Z2，在规范规定道面混凝土水灰比附近进行上下浮动，掺加减水剂，Vb稠度10~15s，确定的道面再生混凝土水灰比和抗折强度试验结果如表4-8所列。

表4-8　不同水灰比道面再生混凝土抗折强度

单位：MPa

混凝土类型 \ 水灰比	0.50	0.48	0.46	0.44	0.42
Z1FD	6.12	6.21	6.42	6.51	6.71
Z2FD	6.06	6.24	6.35	6.59	6.61

从表4-8可以看出，印证本节前面对道面再生混凝土强度随水胶比变化规律的分析。根据表4-8，所选用水泥28天实测抗折强度为8.94MPa。参照式（3-7）粉煤灰道面混凝土强度与水灰比公式，回归分析如图4-8所示。

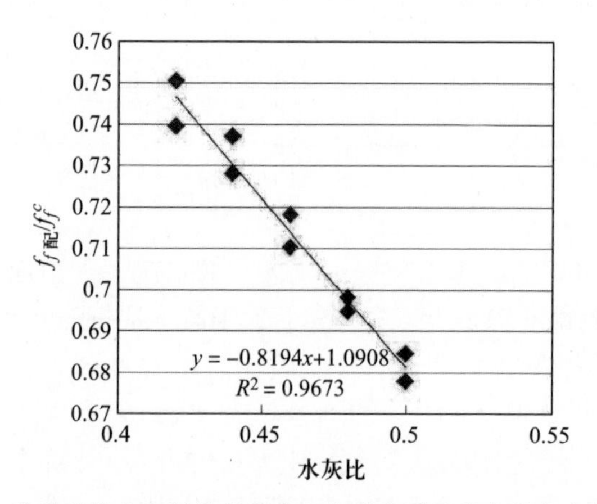

图4-8　道面混凝土配制抗折强度和水泥实测强度比值与水灰比关系

从图 4-8 可得道面再生混凝土抗折强度公式：

$$f_{f配}/f_f^c = 1.091 - 0.819W/C \quad (4-6)$$

式中 $f_{f配}$——道面再生混凝土配制 28 天的抗折强度（MPa）；

f_f^c——施工所用水泥实测 28 天抗折强度（MPa）；

W/C——道面再生混凝土水灰比。

式（4-6）相关系数为 0.9673，相关性较高，可以用来指导现场道面再生混凝土配合比设计。

4.3.4 再生骨料取代率对强度的影响

为了研究不同再生骨料取代率对道面再生混凝土的力学性能的影响，在表 3-9 所列配合比中，选取 Z1FD、Z2FD 为试验配合比，其再生骨料取代率为 100%，在此基础上每次降低 25%，分别确定出再生骨料取代率为 0%、25%、50%、75%的配合比，进行力学性能试验，结果如表 4-9 所列。

表 4-9 不同再生骨料取代率的道面再生混凝土的强度

再生骨料取代率/%	抗折强度/MPa		抗压强度/MPa	
	Z1FD	Z2FD	Z1FD	Z2FD
0	6.96	6.79	59.3	59.7
25	6.53	6.47	60.1	59.5
50	6.41	6.32	59.9	59.6
75	6.28	6.29	59.4	58.9
100	6.21	6.24	58.9	58.7

1. 抗折强度

为便于分析，根据表 4-9 试验结果，作不同再生骨料取代率抗折强度趋势图，如图 4-9 所示。

由表 4-9 和图 4-9 可以看出，再生骨料取代率对道面再生混凝土抗折强度影响显著，随着再生骨料取代率的提高，道面再生混凝土抗折强度显著减小。但抗折强度随着取代率的增长而降低是非线性的，强度降低明显主要在取代率从 0 增长到 25%时，以 Z1FD 为例，再生骨料取代率为 25%、50%、75%、100%的抗折强度分别比取代率为 0、25%、50%、75%的 Z1FD 降低了 6%、2%、2%、1%，取代率从 0 增长到 25%时，强度降低了 6%，取代率从 25%增长到 100%，强度共降低了 5%，取代率从 0 增长到 25%时抗折强度的

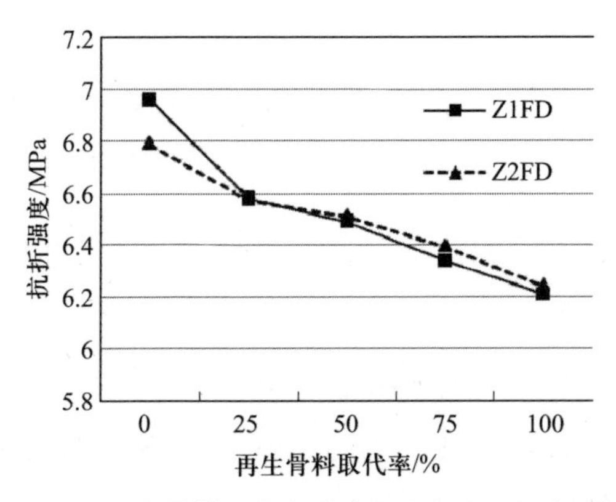

图 4-9　不同再生骨料取代率的道面再生混凝土的抗折强度

降低量占取代率从 0 增长到 100%的总降低量的比例较大。Z2FD 表现出类似的规律，原因是一旦采用再生骨料，再生骨料的裂缝、软弱颗粒便会剧烈加剧道面再生混凝土承受弯拉应力时内部裂缝的扩展，使道面再生混凝土抗折强度在再生骨料取代率从 0 增长到 25%时降低明显，但随着再生骨料取代率的增加，这种效应逐渐减弱，道面再生混凝土强度降低变缓。采用 OriginPro 7.5 软件，对再生骨料取代率和抗折强度进行回归分析，发现采用指数函数更符合实际，Z1FD、Z2FD 抗折强度与再生骨料取代率关系分别如下式：

$$f_f = 6.8208 - 0.6167x^{0.5486} \tag{4-7}$$

$$f_f = 6.7415 - 0.5111x^{0.4003} \tag{4-8}$$

式中　f_f——抗折强度（MPa）；

x——再生骨料取代率（%）。

式（4-7）、式（4-8）中 f_f、x 之间相关系数分别为 0.9941、0.9401，相关性较高，可以用来估算不同再生骨料取代率对应的抗折强度。

2. 抗压强度

由表 4-9 可以看出，道面再生混凝土抗压强度随再生骨料取代率的变化规律与抗折强度不同，随着再生骨料取代率的提高，抗压强度降低不明显，不同再生骨料取代率的抗压强度有高有低，例如再生骨料取代率为 100%的 Z1FD、Z2FD 的抗压强度分别比取代率为 0 抗压强度降低仅 0.6%、2%，主要原因在于抗压强度对混凝土内部存在的裂缝、孔隙等缺陷不如抗折强度敏感，所以再生骨料取代率对抗压强度影响不大，这与其他再生混凝土研究结论是不同的。造成不同再生骨料取代率的抗压强度有高有低的原因还有混凝土在振捣过程中振捣不均匀，不密实，浆体中有大的空隙。

4.3.5 强度的影响因素

通过以上对道面再生混凝土力学性能的研究，影响道面再生混凝土力学性能的因素，主要有水胶比、含气量、再生骨料取代率、水泥强度、龄期、养护条件等。

（1）水胶比。水胶比是影响道面再生混凝土的主要因素，与天然骨料混凝土强度随水胶比变化规律一致，道面再生混凝土强度随着水胶比的减小而增大。

（2）含气量。含气量对道面再生混凝土强度有重要的影响，在水胶比相同的情况下，含气量越大，强度越低。有研究表明含气量每增加1%，抗折强度损失4%左右，抗压强度损失7%左右。

（3）再生骨料取代率。再生骨料取代率对道面再生混凝土强度有不同的影响，对抗折强度影响较大，但对抗压强度影响不大。

水泥强度、龄期、养护条件对道面再生混凝土的影响与天然骨料混凝土类似。

当然，除了以上因素外，可能还有别的因素，比如再生骨料的颗粒成分、强度等，在选择再生骨料时要严格标准，优中选优。

4.4 疲劳特性

材料在应力或应变的反复作用下所发生的性能变化称为疲劳，一般情况下指导致开裂或破坏的性能变化[146]。对于混凝土材料，特别是道面混凝土，要承受飞机或汽车等荷载的反复作用，荷载每一次重复对混凝土道面的损害作用累积起来，到一定的重复作用次数，混凝土道面就要发生破坏，出现裂缝，这就是混凝土道面的疲劳破坏。因此，疲劳特性是道面混凝土的一个重要长期性能[147]。

4.4.1 疲劳方程

因为疲劳试验结果存在着一定的离散性，所以要尽可能从试验结果有限的样本容量中，反映真实的规律情况，就必须用数理统计概率描述的方法去处理结果数值，尽可能地降低离散性对疲劳试验结果的不利影响。混凝土疲劳方程应尽可能满足以下两个条件：疲劳次数 $N=1$ 时，应力比 $S=1$；$N\to\infty$ 时，$S\to 0$。水泥混凝土的疲劳方程通常有单对数疲劳方程和双对数疲劳方程两种表达形式。

单对数疲劳方程：

$$S = A - B\lg N \tag{4-9}$$

双对数疲劳方程：

$$\lg S = a - b\lg N \tag{4-10}$$

式中 S——应力比，$S=\sigma_p/\sigma_s$，σ_p 为疲劳应力或疲劳抗折强度，σ_S 为设计抗折强度；

N——设计使用年限内设计飞机或汽车在道面通行宽度内某一点的累计重复作用次数；

A、B、a、b——回归系数。

然而在实际应用中，往往需要解决低应力水平下的疲劳寿命，即将疲劳曲线沿 $S\to0$ 方向外延。双对数方程能够满足其外延的边界条件和以上条件，因此实际双对数疲劳方程更合理，应用更多[107]。

4.4.2 加载参数

疲劳试验采用的试件为尺寸为 150mm×150mm×600mm 的小梁试件，每组 5 个试件，按规定成型养护。疲劳试验机为长春新试验机有限责任公司产 PWS-500kN 微机控制电液伺服疲劳试验机。

疲劳试验的加载模式有控制应力和控制应变两种，其中控制应力比控制应变容易实现，再现能力较好，试验时间较短，而且控制应力试验所需试件数量较少，疲劳数据点分散程度较小，精度高，因此试验采用应力控制模式[107]，加载方式采用三分点加载方式。由于飞机或汽车在道面上行驶使混凝土道面承受机轮、车轮加载卸载多次重复作用，疲劳试验按试件经受重复不变的应力模拟纯挠曲情况是不合适的，采用交变荷载进行疲劳试验才能模拟混凝土在随机动载下的挠曲状态[148]，故疲劳试验施加的动荷载为正弦荷载，即加载变化波形采用无间歇时间的正弦波。

试验加载应力水平与频率的选择，依据目前军用机场使用机型情况和已有研究成果，应力水平范围选择为 0.60 ~0.80，加载载频的选择主要考虑避免其对混凝土的疲劳寿命产生不正常影响，在应力水平 0.75 及以上时，加载频率为 5Hz；当应力水平为 0.75 以下时，试验频率取 10Hz。

4.4.3 性能分析

对普通道面混凝土 P、道面再生混凝土 Z2FD、Z2FA、Z2S 与同配比的天然骨料混凝土 TFD、TFA、TS 进行了疲劳试验，记录试件折断时的疲劳寿命，结果如表 4-10 所列。

表 4-10 道面混凝土疲劳试验结果

应力水平 / 混凝土类型	疲劳寿命/次				
	0.60	0.65	0.70	0.75	0.80
P	18862、37489、46862、55745、68912	6517、12564、17359、19974、23121	2566、3998、8019、8543、9127	1676、2971、3089、3756、4933	79*、263、406、519、965
Z2FD	24382、55348、61460、67460、109641	11851、14412、18569、24845、45179	4210、5859、9531、10563、13854	2187、3679、3700、4994、7249	207、672、1091、1433、4019
Z2FA	31740、42165、59732、70083、89723	7975、13902、17059、23108、25902	1888、4288、7916、8327、9380	1781、2719、3926、4509、7074	142、674、1031、1249、3760
Z2S	21124、39730、50376、77893、99730	9117、18744、20001、27695、32744	3995、5256、8999、9459、12858	2574、3450、4038、5119、6047	379、445、1039、1696、5800
TFD	60139、93851、107109、192893、210000**	23546、29140、37924、40249、63921	6412、10536、15390、18212、31567	4128、5547、6076、7713、8895	563、960、1327、2019、4770
TFA	36600、87598、100351、121921、210000**	12901、23458、33990、37852、55108	5301、9249、14984、16279、20743	1907、2290、6124、7248、9610	475、1069、1271、1866、2513
TS	46942、79613、94835、167081、210000**	14755、25443、28099、39041、42997	9118、9932、17954、18018、31319	1479、4901、5783、8092、8876	337、1174、1238、1461、3519
注：数据带*号表示异常值，带**号表示到所示疲劳次数时仍未压断					

对表 4-10 道面混凝土小梁疲劳试验结果数据进行回归分析，如图 4-10~图 4-16 所示。

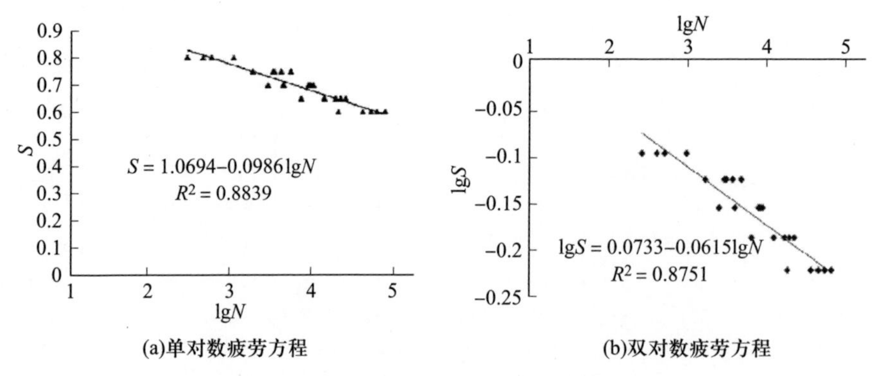

图 4-10 普通道面混凝土 P 疲劳方程回归图

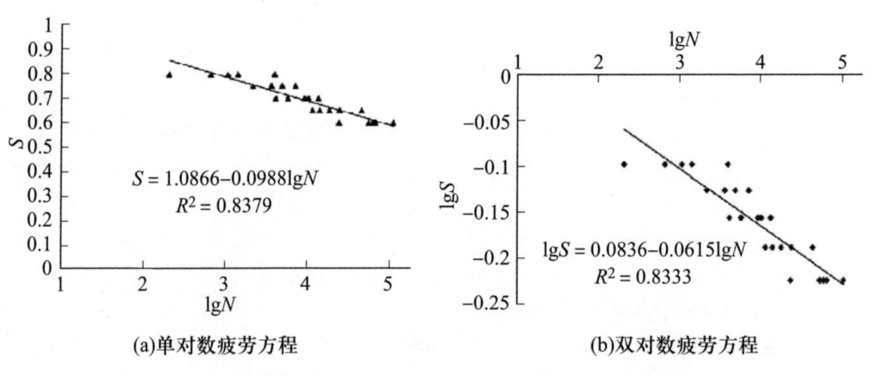

图 4-11 道面再生混凝土 Z2FD 疲劳方程回归图

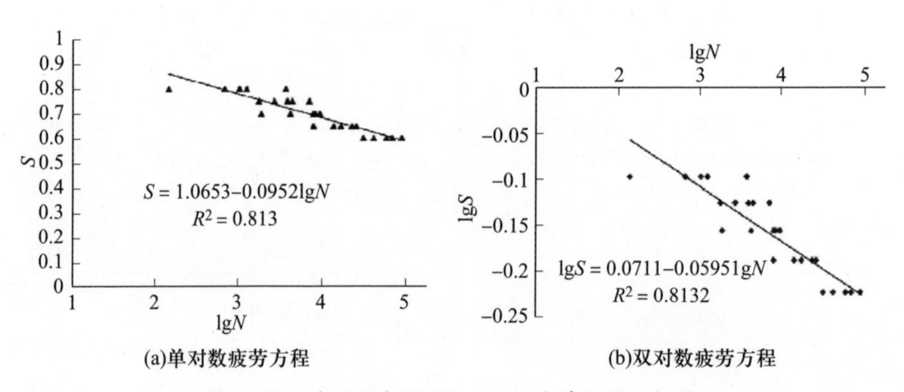

图 4-12 道面再生混凝土 Z2FA 疲劳方程回归图

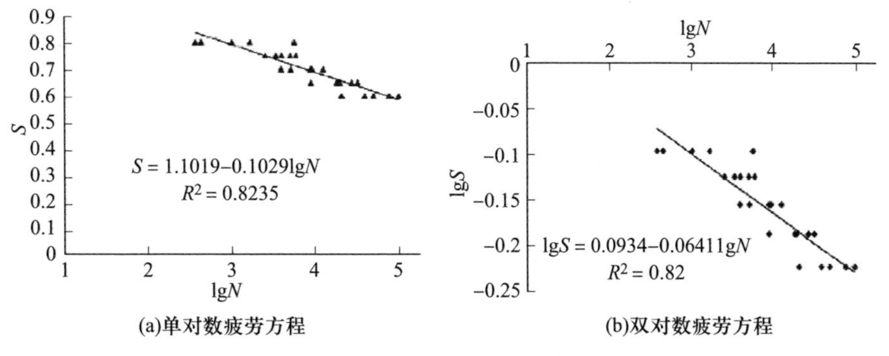

图 4-13　道面再生混凝土 Z2S 疲劳方程回归图

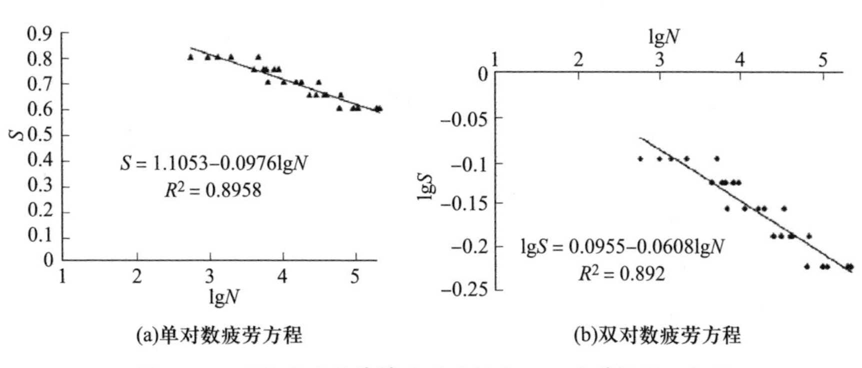

图 4-14　同配比天然骨料道面混凝土 TFD 疲劳方程回归图

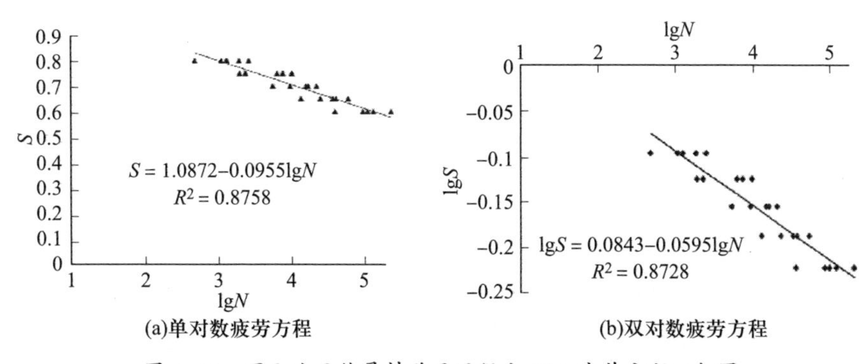

图 4-15　同配比天然骨料道面混凝土 TFA 疲劳方程回归图

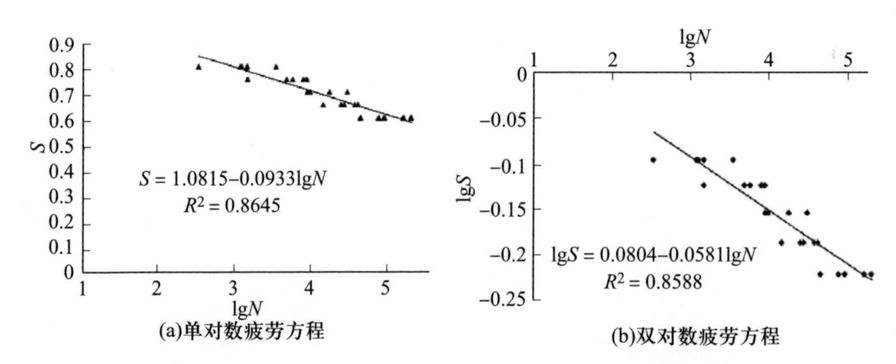

图 4-16 同配比天然骨料道面混凝土 TS 疲劳方程回归图

根据图 4-10~图 4-16，疲劳方程和相关系数如表 4-11 所列。

表 4-11 道面混凝土疲劳方程回归结果

混凝土类型	单对数疲劳方程		双对数疲劳方程	
	表达式	相关系数 R	表达式	相关系数 R
P	$S=1.0694-0.0986\lg N$	0. 9402	$\lg S=0.0733-0.0615\lg N$	0. 9355
Z2FD	$S=1.0866-0.0988\lg N$	0. 9153	$\lg S=0.0836-0.0615\lg N$	0. 9129
Z2FA	$S=1.0653-0.0952\lg N$	0. 9017	$\lg S=0.0711-0.0595\lg N$	0. 9018
Z2S	$S=1.1019-0.1029\lg N$	0. 9075	$\lg S=0.0934-0.0641\lg N$	0. 9055
TFD	$S=1.1053-0.0976\lg N$	0. 9465	$\lg S=0.0955-0.0608\lg N$	0. 9455
TFA	$S=1.0872-0.0955\lg N$	0. 9358	$\lg S=0.0843-0.0595\lg N$	0. 9342
TS	$S=1.0815-0.0933\lg N$	0. 9298	$\lg S=0.0804-0.0581\lg N$	0. 9267

表 4-11 式中符号意义同前，由表 4-11 可知，疲劳方程相关系数均在 0. 9 以上，说明相关性较高，可以用其来定量地研究道面再生混凝土的疲劳特性。根据表 4-11 疲劳方程，可计算出道面混凝土的理论疲劳寿命，如表 4-12 所列，应力比为 0. 60~0. 80。

表 4-12　道面混凝土理论疲劳寿命

应力水平 \ 混凝土类型		P/次	Z2FD/次	Z2FA/次	Z2S/次	TFD/次	TFA/次	TS/次
0.80	单对数疲劳方程	540	796	612	859	1343	1017	1040
	双对数疲劳方程	586	861	666	931	14613	1111	1127
0.75	单对数疲劳方程	1723	2552	2051	2629	43693	3395	3573
	双对数疲劳方程	1650	2460	1971	2548	42233	3286	3422
0.70	单对数疲劳方程	5804	8184	6874	8049	142123	11336	12273
	双对数疲劳方程	5314	7552	6286	7476	131363	10476	11219
0.65	单对数疲劳方程	19550	26244	23035	24640	462343	37845	42157
	双对数疲劳方程	18662	25200	21841	23756	444433	36402	40170
0.60	单对数疲劳方程	65851	84159	77198	75431	150402	126349	144801
	双对数疲劳方程	72468	92608	83851	82809	165788	139752	159300

由以上结果可以看出，道面再生混凝土的疲劳寿命全部高于普通道面混凝土，即道面再生混凝土与普通道面混凝土相比具有较好的抗疲劳特性，在同样的弯拉应力比下，道面再生混凝土可以承受较多的荷载重复次数。道面再生混凝土的疲劳规律与普通道面混凝土相似，但在高应力水平状态下，道面再生混凝土的疲劳寿命提高幅度较大，这与天然骨料道面混凝土是不同的，主要原因可能在于再生骨料表面包裹着原硬化水泥浆体（或砂浆），所以再生骨料与新水泥浆体（砂浆）之间弹性模量相差较小，在过渡区界面受力时产生微裂缝的趋势减少，同样应力条件下，产生微裂缝数量减少，根据断裂力学知识，可以提高其极限荷载，疲劳性能得以改善[41]。

经过对表 4-12 数据计算，同一应力水平下，采用单对数疲劳方程时，道面再生混凝土 Z2FD、Z2FA、Z2S 的疲劳寿命是同配比天然骨料道面混凝土的 52%~83%，主要原因是再生骨料有软弱的旧砂浆、生产过程中有裂缝产生，降低了道面再生混凝土的疲劳寿命，但其疲劳寿命是普通道面混凝土的 1.13~1.59 倍，因为掺加的粉煤灰和外加剂，道面再生混凝土的工作性得到改善，使道面再生混凝土成型更密实，内部结构更均匀，从而其疲劳寿命较普通道面混凝土长；采用双对数疲劳方程时，与单对数方程相同，道面再生混凝土 Z2FD、Z2FA、Z2S 的疲劳寿命是同配比天然骨料道面混凝土的 52%~83%，是普通道面混凝土的1.14～1.59倍，原因同上。所以采用道面再生混凝土铺筑机场道面，可以满足设计规范的要求，与传统普通道面混凝土相比，预期可以延长道面使用寿命。

4.5 干燥收缩变形性能

混凝土中所含水分的变化、化学反应及温度降低等因素引起的体积缩小，均称为混凝土的收缩。混凝土收缩时由于受到不同程度的约束，会引起拉应力，而混凝土抗拉强度不高，就容易引起混凝土开裂，影响混凝土结构的承载力，降低抗渗性能，引起其他破坏，缩短混凝土使用寿命。混凝土的收缩变形主要有浇筑初期（终凝前）的凝缩变形、硬化混凝土的干燥收缩变形、水泥等胶凝材料水化化学反应引起的自生收缩变形、温度下降引起的冷缩变形和因碳化引起的碳化收缩变形5种。影响混凝土收缩的因素主要有水泥品种、混合材种类及掺量、骨料品种及含量、混凝土配合比、外加剂种类及掺量、介质温度及相对湿度、养护条件、混凝土龄期、结构特征和碳化作用等[149]。

对于机场道面混凝土，大面积露天铺筑，道面板表面积较大（道面一般按4m×5m左右分仓），蒸发量大，干燥收缩可能会引起道面板产生裂缝，降低道面混凝土的抗渗性能和力学性能，为水等有害性液体进入道面混凝土内部提供通道，导致道面板发生冻融破坏和断裂等，所以机场道面混凝土收缩不能太大。混凝土的干燥收缩通常占总收缩的80%以上，比其他种类收缩都重要[6]，故有必要对道面再生混凝土的干燥收缩变形性能进行研究。

外加剂对混凝土的收缩有较大的影响，在水泥用量不变时，混凝土掺加减水剂、引气剂后，虽然混凝土单位体积用水量减少了，但由于水泥颗粒絮凝网状结构中的水分被释放出来，增加了混凝土的水分蒸发量，引气剂还引入了大量气泡，增加了混凝土的可压缩性。因此，用水量虽然减少了，但试验结果表明由于掺加了这些外加剂，混凝土的干燥收缩均有不同程度的增大[149]。本书采用掺加粉煤灰、不同种类的外加剂进行道面再生混凝土研究，考虑到减水剂、引气剂均能增大混凝土的干燥收缩，两者复合时干燥收缩最大，因此只对掺加引气减水剂的道面再生混凝土（Z1S、Z2S）、同配比天然骨料混凝土（TS）以及普通道面混凝土（P）的干燥收缩进行对比研究分析。

4.5.1 干燥收缩性能

试验依据《普通混凝土长期性能与耐久性试验方法标准》规定进行[150]，成型尺寸为100mm×100mm×515mm的棱柱体，按规定养护后进行试验，按规范要求对各类型混凝土各龄期干燥收缩值进行测量计算，结果如表 4-13 所列。

表 4-13　道面混凝土干燥收缩试验结果

编号	各龄期收缩率（$\times10^{-6}$）										
	1 天	3 天	7 天	14 天	28 天	45 天	60 天	90 天	120 天	150 天	180 天
P	30	49	87	117	209	243	269	279	301	313	343
TS	14	17	30	64	106	119	138	159	200	211	245
Z1S	26	46	75	109	159	203	233	252	277	300	324
Z2S	25	47	70	99	147	187	213	244	282	291	301

从表 4-13 可以看出：

（1）道面再生混凝土与普通道面混凝土的干燥收缩。道面再生混凝土各龄期干燥收缩值均比普通道面混凝土小，道面再生混凝土各龄期的收缩率较普通道面混凝土小 4%～30%。主要原因是掺加优质粉煤灰，降低了水泥水化热，减少水泥浆体早期收缩。另外，粉煤灰颗粒较水泥颗粒细，其火山灰效应和微集料效应提高了混凝土的密实度[134]，且由于掺加引气减水剂，降低道面再生混凝土的水胶比，减小空隙率，因而道面再生混凝土的各龄期干燥收缩值均较普通道面混凝土小，则道面再生混凝土抗裂能力大大提高，对提高混凝土抗冻、抗渗和耐磨耐久性能十分有利，从而延长再生混凝土道面使用寿命[151]。

（2）道面再生混凝土与同配比天然骨料混凝土的干燥收缩。道面再生混凝土各龄期干燥收缩均大于同配比天然骨料混凝土。主要原因在于再生骨料中含有大量旧水泥砂浆，导致再生混凝土干燥收缩值的增加。其他研究者的试验结果也表明，再生混凝土的收缩比天然骨料混凝土大 50%左右。

另外，道面再生混凝土和天然骨料混凝土的 14 天和 28 天的干燥收缩分别占 180 天干燥收缩值的 30%、50%左右。实际现场收缩更会趋向于在早期发生，所以在干燥收缩明显的 28 天龄期内，应对道面再生混凝土加强潮湿养护，延缓道面板表面干燥收缩的发生，使徐变能起到缓冲收缩应力的作用，防止道面板出现收缩裂缝，提高道面混凝土耐久性能和使用寿命[132]。

4.5.2　干燥收缩值的预测

测定规范规定所有龄期干燥收缩值需要的时间很长（最长 180 天），在实际中为达到尽早了解混凝土收缩状况，以便尽早进行控制，避免出现收缩裂缝，对结构造成危害，根据已测早龄期试验数据，理论预测后面各龄期收缩率十分必要。根据表 4-13 所得数据，对前 28 天各龄期收缩率进行回归分析，结果如图 4-17 所示；所得各龄期时间与收缩率间的关系式，如表 4-14 所列。

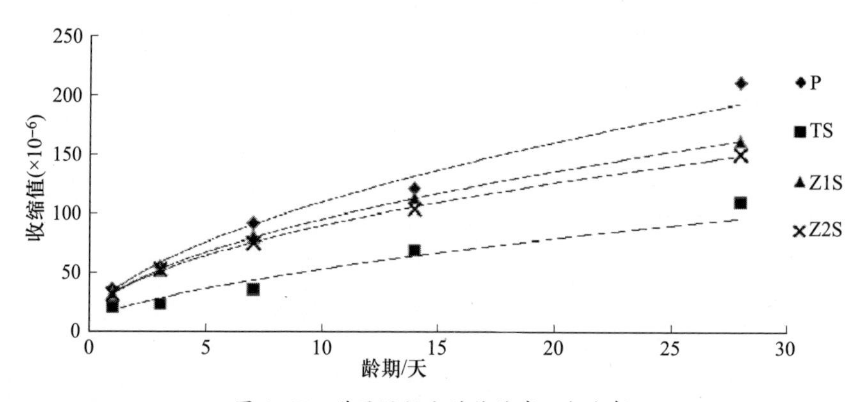

图 4-17　道面混凝土的收缩率回归分析

表 4-14　道面混凝土龄期与收缩率关系式

混凝土类型	关系式	相关系数
P	$\varepsilon_{st}=28.108t^{0.5749}$	0.9883
TS	$\varepsilon_{st}=10.91t^{0.6375}$	0.9293
Z1S	$\varepsilon_{st}=25.744t^{0.5461}$	0.9997
Z2S	$\varepsilon_{st}=25.455t^{0.487}$	0.9987
式中：ε_{st}为龄期 t 时混凝土收缩率（10^{-6}）；t 为试件龄期（天）		

由表 4-14 可知，关系式相关系数均在 0.9 以上，说明相关性较高，用其计算出道面混凝土 28 天以后各龄期收缩率，如表 4-15 所列。

表 4-15　道面混凝土收缩率计算结果

编号	各龄期收缩率（$\times10^{-6}$）					
	45 天	60 天	90 天	120 天	150 天	180 天
P	251	296	374	441	501	556
TS	124	148	192	231	266	299
Z1S	206	241	301	352	397	439
Z2S	187	217	268	312	351	386

通过对表 4-13 与表 4-15 中各龄期干燥收缩值进行对比计算，误差大部分在 30%左右，只有普通道面混凝土 150 天、180 天干燥收缩计算值与实测值误差达到了 60%，与其他相关收缩预测公式相比[152]，误差还是相对较小的，可以用来预测道面再生混凝土的干燥收缩发展趋势，了解收缩情况，防止道面板出现收缩裂缝，提高道面混凝土耐久性能和使用寿命。

4.6 抗渗性能

混凝土的抗渗性是指混凝土抵抗水、油等液体在压力作用下渗透的能力，它直接影响混凝土的抗冻性和抗侵蚀性等耐久性能[128]，因此抗渗性成为评价混凝土耐久性的重要指标。关于对混凝土抗渗性能的检验，虽然人们已经建立起一些快速评价混凝土抗渗性的试验方法，但目前还没有任何一种试验方法可以用来评价混凝土对所有侵蚀介质的抗渗性能。混凝土内侵蚀性离子传输的难易程度，对混凝土的耐久性有很大的影响[6]。机场道面混凝土大面积铺筑在露天环境之中，主要承受水、除冰盐中的 Cl^- 离子等的渗透，故本书采用了静水压力法与氯离子渗透法相结合的方法，研究分析道面再生混凝土的抗渗性能。

4.6.1 抗水渗透性能

依据国家标准《普通混凝土长期性能与耐久性试验方法标准》的规定进行[150]，静水压力抗渗性能试验结果如表 4-16 所列。

表 4-16 道面混凝土静水压力抗渗试验结果

混凝土类型	P	TFD	TFA	TS	Z1FD	Z1FA	Z1S
压力值/MPa	1.1	4.1	4.1	4.1	4.1	4.1	4.1
渗水高度/mm	已渗水	20	24	11	37	58	27
抗渗标号	P10	>P12	>P12	>P12	>P12	>P12	>P12
混凝土类型	Z2FD	Z2FA	Z2S	Z3S	Z3SY2	Z4S	Z4SY
压力值/MPa	4.1	4.1	4.1	4.1	4.1	4.1	4.1
渗水高度/mm	51	76	33	26	24	25	22
抗渗标号	>P12	>P12	>P12	>P12	>P12	>P12	>P12

从表 4-16 可以看出：

（1）道面再生混凝土与普通道面混凝土的抗渗性。道面再生混凝土抗渗性能比普通道面混凝土有明显提高。普通道面混凝土在压力值为 1.1MPa 时试件表面已经渗水，而道面再生混凝土在压力值为 4.1MPa 时试件表面均无渗水，劈开试件测其渗水高度，大部分不到试件高度的 1/2。这是由于掺加优质粉煤灰和外加剂，改善了道面再生混凝土的工作性，提高了道面再生混凝土的密实度。降低再生混凝土水胶比，过渡区结构大大改善，因而道面再生混凝土的抗渗性能较普通道面混凝土大大提高。另外，引气减水剂的加入，在混凝土中引入的微小独立气泡有效堵塞了毛细管通道，阻挡了有害液体侵入混凝土的途径，提高了道面再生混凝土的抗渗性能。

（2）道面再生混凝土与同配比天然骨料混凝土的抗渗性。道面再生混凝土和同配比天然骨料混凝土抗渗性能都很好，抗渗等级均在 P12 以上，但道面再生混凝土稍差。在压力值为 4.1MPa 时试件表面均无渗水，劈开试件测其渗水高度，道面再生混凝土的渗水高度比同配比天然骨料混凝土稍高。原因是再生骨料含有砂浆，生产过程中易产生裂缝、孔隙率大。虽然道面再生混凝土抗渗性能较同配比道面天然骨料混凝土稍差，但两者均具有良好的抗渗性能。

（3）道面再生混凝土抗渗性与再生骨料砂浆含量关系。再生骨料颗粒成分中砂浆含量对再生骨料吸水率、坚固性等有重要的影响，原因是砂浆强度低，易产生裂缝、孔隙率大，所以对道面再生混凝土抗渗性也有影响。通过对比表 4-16 与表 2-1 分析不难发现，在基体混凝土含气量差别不大的情况下，掺加同一种外加剂的不同再生骨料的混凝土随着再生骨料砂浆含量增加，道面再生混凝土渗水高度变大，混凝土抗渗性降低，再生骨料砂浆含量与道面再生混凝土抗渗性具有较好的相关性。因此，为保证道面再生混凝土的抗渗性和抗冻性等耐久性能，在选择再生骨料时，控制好砂浆含量是非常必要的。

4.6.2 抗氯离子渗透性能

依据国家标准《普通混凝土长期性能与耐久性试验方法标准》的电通量法进行[153]，试验结果如表 4-17 所列。

表 4-17 道面混凝土 Cl^- 渗透试验结果

混凝土类型	P	TFD	TFA	TS	Z1FD	Z1FA	Z1S
6h 电通量/C	2735	910	1118	990	1823	1842	1766
Cl^- 渗透性	Q-Ⅱ	Q-Ⅳ	Q-Ⅲ	Q-Ⅳ	Q-Ⅲ	Q-Ⅲ	Q-Ⅲ
混凝土类型	Z2FD	Z2FA	Z2S	Z3S	Z3SY2	Z4S	Z4SY

续表

混凝土类型	P	TFD	TFA	TS	Z1FD	Z1FA	Z1S
6h 电通量/C	2149	2014	1877	1596	1455	1483	1261
Cl^-渗透性	Q-Ⅱ	Q-Ⅱ	Q-Ⅲ	Q-Ⅲ	Q-Ⅲ	Q-Ⅲ	Q-Ⅲ

从表 4-17 可以得出以下性能分析：

(1) 道面再生混凝土与普通道面混凝土的抗渗性能。与静水压力试验结果一致，道面再生混凝土抗渗性能比普通道面混凝土有明显提高。道面再生混凝土 Cl^-离子渗透 6h 通过电量为普通道面混凝土的 46%~79%，抗渗性能均较普通道面混凝土有较大提升，可以有效阻止 Cl^-等有害离子侵入混凝土，提高道面再生混凝土耐久性能。

(2) 道面再生混凝土与同配比天然骨料混凝土的抗渗性能。道面再生混凝土抗渗性能比同配比天然骨料混凝土稍差，与静水压力试验结果一致。虽然道面再生混凝土抗渗性能较同配比天然骨料混凝土稍差，但均具有良好的抗 Cl^-离子渗透性能。

(3) 道面再生混凝土抗渗性与再生骨料砂浆含量关系。氯离子抗渗试验结果表明，再生骨料颗粒成分中砂浆含量与道面再生混凝土抗氯离子渗透性能关系与静水压力渗透试验结果一致，再次印证了再生骨料砂浆含量对抗渗性的影响。

4.7 抗冻性能

抗冻性是指混凝土在水饱和状态下能经受多次冻融循环作用而不被破坏的性能。在寒冷地区，冻融循环破坏是导致机场道面混凝土劣化破坏的最主要的因素，因此，抗冻性能常作为衡量混凝土耐久性的重要指标。本节主要对道面再生混凝土的抗冻性能进行试验研究，并基于响应曲面法（response surface methodology，RSM）对道面再生混凝土抗冻性能进行分析，找出影响道面再生混凝土抗冻性能的关键因素。

4.7.1 研究方法

1. 抗冻试验方法

关于目前我国混凝土冻融的室内试验方法，GB/T 50082—2009《普通混凝土长期性能与耐久性试验方法标准》中规定了两类[150]：一类为慢冻法，主要参考苏联相关标准制定，以混凝土所能经受的最大冻融次数表示其抗冻指标，最大冻融次数应同时满足抗压强度损失率不超过25%和质量损失率不超过5%。慢冻法存在试验周期长、工作量大、质量损失率测量误差大等缺点，有被快速冻融法取代的趋势。但是慢冻法用于对抗冻要求不高的工业与民用建筑，有试验要求简单、冻融试验条件与实际环境条件较接近等优点。另一类为快冻法，该方法水利工程、港口工程使用较多，因为这些工程对混凝土抗冻要求高。该方法主要参考美国 ASTM C666 制定，是美国、日本、加拿大等国采用的方法。以混凝土所能经受的最大快速冻融循环次数或耐久性系数表示其抗冻指标。近年来，经国内各部门的实践总结，由于慢冻法有试验周期长、工作量大、试验误差大等缺点，特别是对抗冻性能要求高的混凝土，以慢冻法为依据的抗冻指标，难以满足混凝土的抗冻性要求，因此，目前公路、市政、铁道、水利工程、港口工程等部门及试验规程中，均趋向于使用快速冻融法。对于机场道面混凝土，如前所述，其工作环境恶劣，承受气候和环境的长期破坏作用，所以本书采用快冻法，以混凝土所能经受的最大快速冻融循环次数表示抗冻指标。

2. 响应曲面法

1）响应曲面法的基本原理与优势

在进行多因素对混凝土性能的影响研究时，通常采用其他因素固定，单一因素改变的方法，虽然可以达到一定的效果，但存在试验量大、无法考察各因素间的相互作用的缺点。为了考察各因素间相互影响，目前通常采用正交设计法，国外则采用集成了数学和统计学的响应曲面法（RSM）。RSM 是 Box 和 Wilson 在 1951 年提出的，是数学和统计方法相结合的产物，是利用合理的试验设计并通过试验得到相应数据，采用多元二次回归方程来拟合因素和响应值二者之间的关系，通过对回归方程相关参数的分析来寻求最优工艺参数，解决多变量问题[154]。该方法主要用来分析所感兴趣的响应受多个变量影响进行建模和分析，能够比较方便地将随机仿真和确定性仿真问题结合起来，不但能够反映出试验中各个变量对响应指标的影响，还可以反映出变量间的交互作用，并以三维立体图形象表现出这种联系，最终目的是优化该响应值，适宜于解决非线性数据处理的相关问题[155]。

RSM 作为一种新型的试验寻优和数据处理方法，囊括了试验设计、建模、检验模型的合适性、寻求最佳组合条件等众多试验和统计技术，能够很好地进行试验设计和对试验结果进行响应面分析，通过对过程的回归拟合和响应曲面、等高线的绘制，可方便地求出相应于各因素水平的响应值，在各因素水平的响应值的基础上，可以找出预测的响应最优值以及相应的试验条件，从而最终获得试验的优化条件。可以看出，RSM 与传统的线性回归分析和正交试验设计等数理统计方法相比有着明显的优势[156,157]。虽然线性回归分析可以根据试验数据得到因素与响应值之间的回归方程，但是需要数据量较大，耗资耗时，且只是分析一种因素的影响，不能综合考虑几种因素的综合作用；正交设计则可以科学合理地安排试验，可以考虑几种因素的综合作用，寻找最佳因素、水平组合，但正交试验只能对一个个孤立的试验点进行分析，只能从试验预先设定的几个因素水平组合中优选，不能在整个给出的区域上找到因素和响应水平之间的一个明确的关系式即回归方程，它得到的最佳条件，并非真实意义的最佳条件，只能是理想条件，所以无法给出整个区域上因素的最佳组合和响应值的最优值。而 RSM 能考虑多个因素在不同水平下对产品的影响，利用试验数据，通过建立数学模型，得到受多种因素影响的最优组合，比单因素分析方法更为有效。而且由于采用了合理的试验设计，同时考虑了试验随机误差，以最经济的方式，用很少的试验量和时间进行全面研究，在寻优过程中，可以连续地对各个水平进行分析，将从试验得到的数据结果进行响应面分析，所得到的预测模型一般是曲面，即所得的预测模型是连续的，所以能在整个考察区域上确定各个因素水平的最佳组合及最优响应值。同时，RSM 将复杂的未知函数关系在小区域内采用简单的一次或二次多项式模型拟合，计算较简便，求得的回归方程精度较高。

2）RSM 优化设计的内容与步骤

进行 RSM 优化通常分为三个部分。

（1）试验设计（Design）。有多种试验设计可以进行响应面分析，最常用的是 Central Composite Design（CCD）、Box－Behnken Design（BBD）和 Plackett－Burman Design（PBD）。

（2）分析（Analysis）。即对相应的非线性数据拟合方差等参数进行分析的统计分析，得到相应的曲面方程，并评估拟合效果和拟合的有效性。

（3）优化（Optimization）。在该过程模块中，可以设置优化要求，如最低值、最高值或其他；最后算出预测的试验最优值，同时提供最优结果对应的一种或多种试验条件。

进行 RSM 优化的具体步骤为[156]。

（1）确定因素。确定关键因素，即研究范围内影响结果的重要因素。

（2）确定因素水平。通过做单因素试验，或者根据样品的特性和工艺来确定因素水平的范围，如果水平范围太宽，不能给出较精确的优化条件，可以再做一个因素水平范围较小的 RSM，以得到更为精确的优化条件和回归方程。

（3）确定试验点。采用适当的试验设计，确定试验的试验点。试验设计强调试验点要尽量减少总的试验次数。试验点确定之后，按随机性原则对每个试验点进行试验，获得一定的数据，以便于进行统计分析。

（4）数据分析。即采用合适的统计分析方法或计算机程序分析试验数据。响应面法分析主要采用非线性拟合方法，得到拟合方程。通常采用的拟合方法是多项式法，简单因素关系采用一次多项式即可，含有交互相作用的关系可以采用二次多项式，更复杂因素间的相互作用使用三次或更高次数的多项式。

得到拟合方程后，可根据拟合方程绘制出响应面面图，获得最优值；也可以对方程进行求解，得到最优值。但是，使用一些数据处理软件，则可以更方便地得到最优结果。常有的统计分析软件有 SAS、SPSS 和 Design-Expert 等。

3. RSM 数据处理软件 Design-Expert

作为全球顶尖级的试验设计软件，Design-Expert 是最容易使用、功能最完整、界面最具亲和力的软件。在有关 RSM 优化试验的文献中，Design-Expert 是最广泛使用的软件。Design-Expert 软件是一个很方便地进行响应面优化分析的商业软件，用其进行试验设计与数据处理非常方便，本书研究采用 Design-Expert8. 0. 5b 版本。其功能虽然不如 SAS 强大，但可方便地进行 CCD、BBD 响应面优化分析，并进行二次多项式类关系的曲面分析，可以满足试验对数据处理的要求，操作起来比 SAS 方便，其三维成图效果比 SAS 更直观。可以由软件自动计算获得 RSM 分析的优化结果，而无须使用 Matlab 之类的数学工具对曲面方程进行求解。

在使用该软件的过程中，为了方便获得较为准确的最优结果下的试验条件预测值，可以将因素水平的小数点位数设置为两位或更多。当然，有效位数的设置还应当考虑到实际的试验条件下各个因素的有效位数。

随着计算机性能的提升，RSM 已成为应用范围广、精度高，并具有实用价值的优化技术。主要用在三个方面：①描述单个试验因素水平对响应值的影响；②确定试验因素之间的交互关系；③描述所有试验因素对响应值的综合影响大小。

因而，RSM 可应用于生物、食品、化学、工业制造、金融等领域[156-162]。RSM 已经成为提高产品质量、优化加工条件、降低开发成本的一种有效方法。但是，目前在混凝土研究应用还很少，尤其是在再生混凝土中的应用更是欠缺。因此，本节简要介绍了 RSM 的应用原理、优势和步骤，希望通过介绍 RSM 技术，能帮助更多的混凝土研究者了解并利用 RSM 技术。

4.7.2 抗冻性能

根据 GB/T 50082—2009《普通混凝土长期性能与耐久性试验方法标准》

要求，制作养护试件，进行道面再生混凝土抗冻性能试验，结果如表 4-18 所列。

表 4-18 道面混凝土抗冻性能试验结果

混凝土类型	质量初值/kg	动弹初值/GPa	试件冻坏前参数			试件冻坏时参数			抗冻等级
			次数/次	质量损失/%	相对动弹/%	次数/次	质量损失/%	相对动弹/%	
P	10.25	53.23	75	0.7	66.0	100	1.1	52.1	F75
TFD	10.24	58.30	150	0	64.8	175	0	43.3	F150
TFA	10.20	56.26	200	0.5	61.0	225	0.9	41.4	F200
TS	9.93	51.18	600	4.0	89.0	625	4.0	59.2	>F400
Z1FD	9.49	39.63	100	0	67.2	125	0	52.8	F100
Z1FA	9.36	38.72	100	0	60.0	125	0	38.5	F100
Z1S	9.26	36.66	150	0	66.4	175	0	54.0	F150
Z3S	9.64	41.97	150	0	61.7	175	0	55.8	F150
Z3SY1	9.51	40.25	200	0.3	63.9	225	0.5	50.9	F200
Z3SY2	9.45	42.66	250	0.4	68.1	275	0.7	54.2	F250
Z4S	9.27	40.89	350	0.5	69.5	375	0.6	53.1	F350
Z4SY	9.18	38.93	425	0.7	65.3	450	1.0	51.7	F425

1. 道面再生混凝土与普通道面混凝土的抗冻性能

为便于比较分析，根据表 4-18 试验结果，作道面混凝土抗冻次数对比柱状图，如图 4-18 所示。从表 4-18 及图 4-18 可以看出，道面再生混凝土抗冻性能均比普通道面混凝土高。普通道面混凝土抗冻等级为 F75，道面再生混凝土 Z1FD、Z1FA、Z1S、Z3S、Z3SY1、Z3SY2、Z4S、Z4SY 抗冻等级分别为 F100、F100、F150、F150、F200、F250、F350、F425，分别是普通道面混凝土的 1.33~5.67 倍。特别是道面再生混凝土 Z3SY2、Z4S、Z4SY 的抗冻性能提高更明显，抗冻等级分别达到 F250、F350、F425，可以满足严寒地区道面混凝土抗冻要求。其原因在于掺加优质粉煤灰和外加剂，降低了道面再生混凝土水胶比，改善了道面再生混凝土过渡区，引气剂在混凝土中引入稳定微小独立气泡，这些气泡缓解了冻融过程中产生的冰晶体的冰胀压力和毛细孔水的渗透压力，因而提高了道面再生混凝土的抗冻性能。

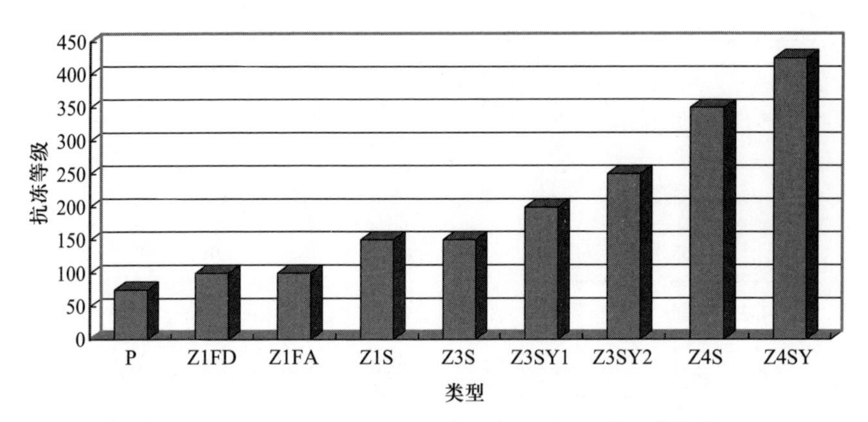

图 4-18 道面再生混凝土与普通道面混凝土的抗冻性能

值得注意的是，在新拌混凝土含气量基本相同的情况下，基体混凝土含气量为 3%的道面再生混凝土 Z4S、Z4SY 的抗冻等级分别为 F350、F425，而基体混凝土含气量低的道面再生混凝土 Z1S、Z3S、Z3SY1、Z3SY2 最高抗冻等级为 F250（Z3SY2），比 Z4S、Z4SY 分别低 40%、70%，可见基体混凝土含气量对道面再生混凝土抗冻性有重要的影响，具体在本节后面研究分析。另外，Z1、Z3、Z4 三种再生骨料配制的道面再生混凝土的抗冻性呈递增态势，这与再生骨料的颗粒成分砂浆含量、坚固性、含气量等性能变化一致，因此这些再生骨料性能可能对道面再生混凝土抗冻性能有重要影响，在选择再生骨料时，要严格遵守相关规范要求。

2. 道面再生混凝土与同配比天然骨料混凝土的抗冻性能

为便于比较分析，同样根据表 4.18 试验结果，作道面再生混凝土与同配比天然骨料道面混凝土抗冻次数对比柱状图，如图 4-19 所示。从表 4.10 及图 4-19 可以看出，道面再生混凝土（Z1FD、Z1FA、Z1S）抗冻性能比同配比天然骨料混凝土（TFD、TFA、TS）差。同配比天然骨料混凝土抗冻等级分别是道面再生混凝土的 1.5 倍、2 倍、4 倍。原因是再生骨料含有旧砂浆，生产过程中易产生裂缝，较天然骨料强度低，吸水率大且速度快，容易吸水饱和，抵抗冻胀能力稍差。

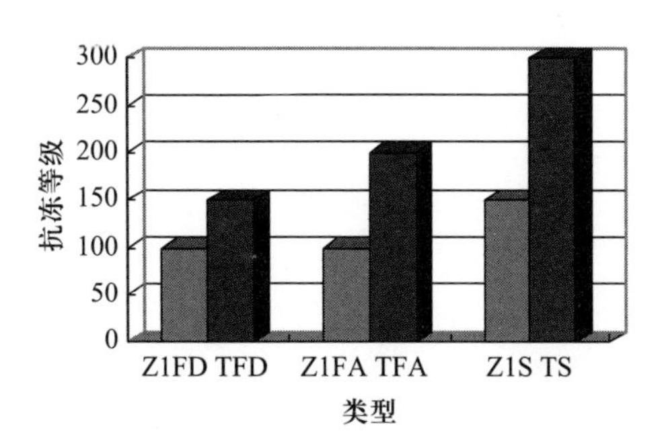

图 4-19　道面再生混凝土与同配比天然骨料混凝土的抗冻性能

4.7.3　基于 RSM 的道面再生混凝土抗冻性能分析

在本节前面我们对比道面再生混凝土的抗冻性能发现，在新拌混凝土含气量基本相同的情况下，基体混凝土含气量不同的道面再生混凝土的抗冻性能有较大的差异，为研究这种差异性，找出影响道面再生混凝土抗冻性能的主要因素，本小节基于 RSM 方法对道面再生混凝土抗冻性能进行研究分析。

1. 方案及结果

1）选取响应模型

本书选择二次多项式为响应曲面方程，并考虑一次项、二次项和两两交叉项的影响。响应曲面方程可表示为

$$Y = \beta_0 + \sum_{i=1}^{k} \beta_i X_i + \sum_{i=1}^{k} \beta_{ij} X_i^2 + \sum_{i<j}^{k} \beta_{ij} X_i X_j + e(X_i, X_i, \cdots, X_i) \quad (4-11)$$

式中　Y——目标函数（或称响应）；

X_i——自变量；

β_i、β_{ii}、β_{ij}——一次、二次、交互作用项的回归系数；

K——影响因素的数量；

e——误差，主要来自两方面，即试验误差和拟合误差。

2）确定因素水平与响应

控制混凝土中的含气量以保证抗冻性是目前普遍采用的方法，而对道面再生混凝土，根据前面分析，基体混凝土含气量对道面再生混凝土抗冻性有重要的影响，同时水灰比是混凝土配合比设计的重要参数，它的变化不仅影响混凝土的强度，还对混凝土的其他各项性能也有重要的影响。因此，本书采用水胶比（A）、新拌混凝土含气量（B）、基体混凝土含气量（C）三个因素为自变量，冻融次数 F 为响应值，并根据单因素试验结果选定三因素的零水平和波

动区，试验因素与水平的取值如表 4-19 所列。

表 4-19 试验因素及水平

因 素	水 平		
	-1	0	1
A：水胶比	0.32	0.34	0.36
B：新拌混凝土含气量	4%	5%	6%
C：基体混凝土含气量	1%	2%	3%

3. 试验结果

根据前面所述快冻法和表 4-19 确定的试验因素与水平，进行试验设计并展开试验，结果如表 4-20 所列。

表 4-20 试验设计与试验结果

序号	试验设计			冻融次数 F
	A：水胶比	B：新拌混凝土含气量/%	C：基体混凝土含气量/%	
1	0.32	5	3	375
2	0.36	6	2	175
3	0.32	5	1	125
4	0.32	6	2	250
5	0.36	5	1	100
6	0.34	6	3	400
7	0.34	6	1	175
8	0.36	5	3	325
9	0.34	4	1	150
10	0.34	5	2	175
11	0.34	5	2	175
12	0.34	5	2	175
13	0.36	4	2	125
14	0.34	5	2	175
15	0.34	4	3	300
16	0.34	5	2	200
17	0.32	4	2	125

4. 性能分析

利用 Design-Expert8. 0. 5b 统计分析软件，对表 4-20 所列的试验数据进行回归拟合分析，得到道面再生混凝土冻融循环次数与水胶比、新拌混凝土含气量、基体混凝土含气量的二次多项回归模型：

$$F = 180.00 - 18.75A + 37.50B + 106.25C - 18.75AB - 6.25AC + 18.75BC - 18.13A^2 + 6.87B^2 + 69.37C^2 \quad (4-12)$$

对该模型、模型回归系数进行显著性检验，结果如表 4-21、表 4-22 所列。

表 4-21　模型的方差分析

项目	平方和	自由度	均方	F 值	P 值	备注
模型	128900	9	14321. 49	48. 61	<0. 0001	显著
残差	2062. 50	7	294. 64	—	—	
失拟项	1562. 50	3	520. 83	4. 17	0. 1008	不显著
纯误差	500. 00	4	125. 00	—	—	
总和	131000	16	—	—	—	

表 4-22　回归模型系数的显著性检验

因素	回归系数	标准差	95%置信下限	95%置信上限	P 值
A	−18. 75	7. 68	161. 85	198. 15	0. 0176
B	37. 50	6. 07	−33. 10	−4. 40	0. 0005
C	106. 25	6. 07	23. 15	51. 85	< 0. 0001
AB	−18. 75	6. 07	91. 90	120. 60	0. 0652
AC	−6. 25	8. 58	−39. 04	1. 54	0. 4901
BC	18. 75	8. 58	−26. 54	14. 04	0. 0652
A^2	−18. 13	8. 58	−1. 54	39. 04	0. 0669
B^2	6. 87	8. 37	−37. 91	1. 66	0. 4383
C^2	69. 37	8. 37	−12. 91	26. 66	<0. 0001

从表4-21、表4-22中可以看出，回归所得模型显著，模型的校正决定系数 Adj R^2=0.9640，说明模型能解释96.4%的响应值的变化，仅有3.6%不能用此模型来解释；失拟项不显著，复相关系数为0.9843，说明该模型拟合程度良好，试验误差小。图4-20为F的残差的正态概率分布图，基本在一条直线上，图4-21为F的残差和预测值分布图（Residuals VS Predicted），分布无规律，图4-22为F的预测值和实际值分布图（Predicted VS Actual），基本在一条直线上，这些均表明该模型是合适的，可以用该模型对道面再生混凝土的抗冻耐久性进行分析和预测，且预测精度较高。

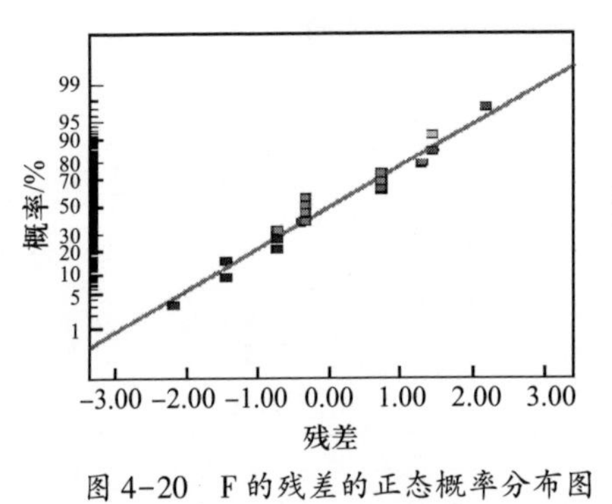

图4-20 F的残差的正态概率分布图

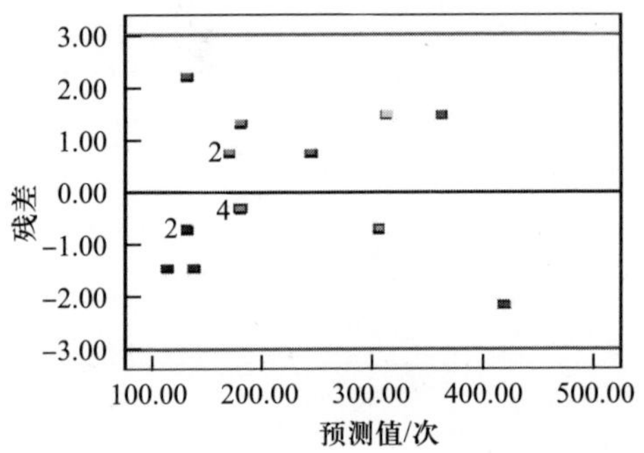

图4-21 F的残差和预测值分布图

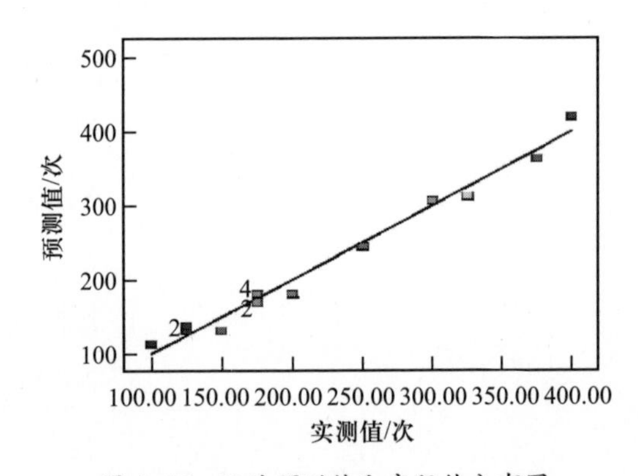

图4-22 F的预测值和实际值分布图

根据模型式（4-12），因素及响应的三维响应曲面及等高线图分别如图4-23~图4-25所示。

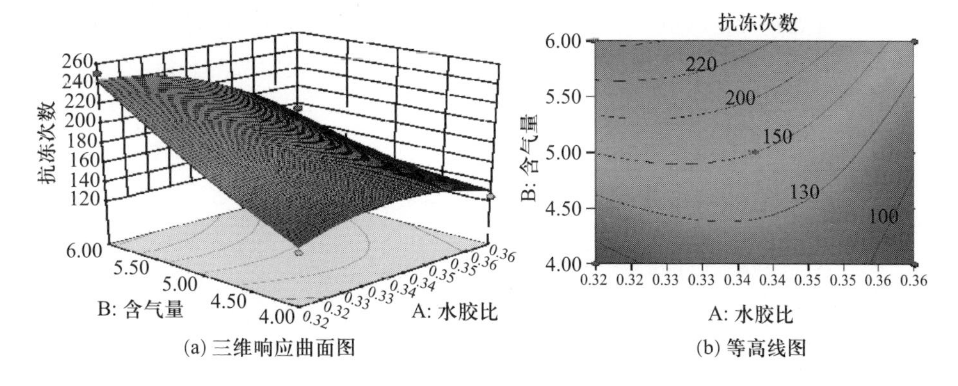

(a) 三维响应曲面图 (b) 等高线图

图 4-23 A、B 及其交互作用对 F 影响的三维响应曲面图和等高线图

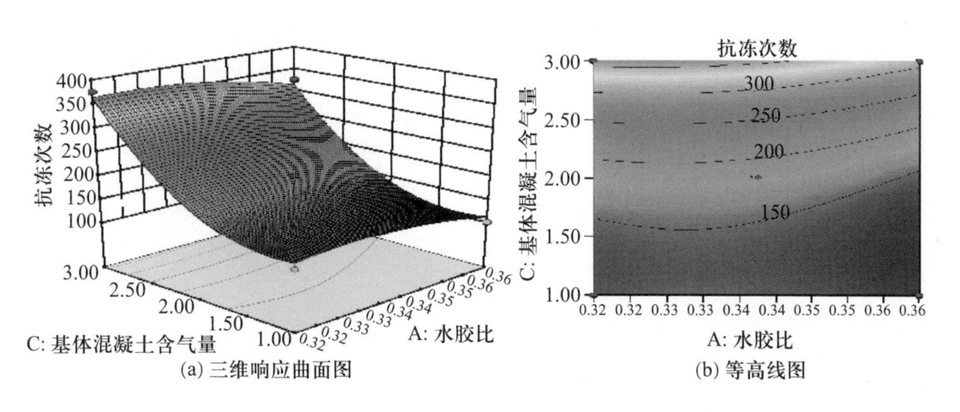

(a) 三维响应曲面图 (b) 等高线图

图 4-24 A、C 及其交互作用对 F 影响的三维响应曲面图和等高线图

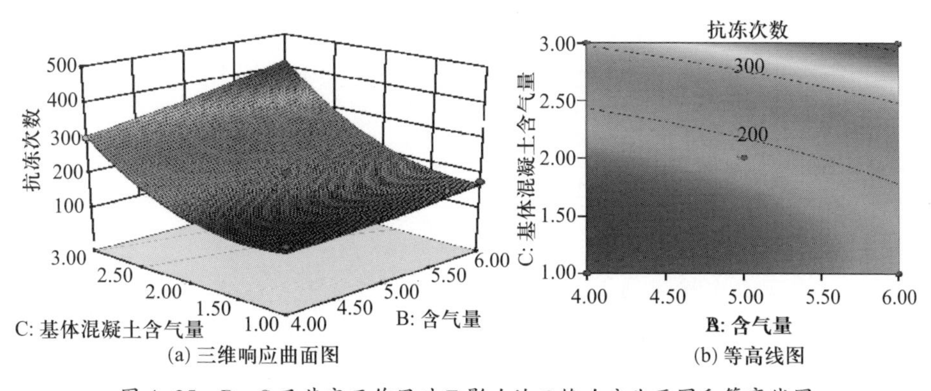

(a) 三维响应曲面图 (b) 等高线图

图 4-25 B、C 及其交互作用对 F 影响的三维响应曲面图和等高线图

从图 4-23~图 4-25 可以看出：

（1）三因素对道面再生混凝土的抗冻性影响显著程度依次为基体混凝土含气量>新拌混凝土含气量>水胶比，在三维响应面上表现为曲线陡峭程度依次减弱渐趋平缓，从试验过程看也是如此。表明只要机场道面再生骨料基体混凝土含气量和道面再生混凝土的含气量足够，水胶比对道面再生混凝土抗冻性影响不大，影响道面再生混凝土抗冻性的主要因素是基体混凝土含气量，而不是水胶比。

（2）等高线的形状可以反映出两因素交互作用的强弱，椭圆形表示两因素交互作用明显，而圆形则与之相反。从图可以看出，新拌道面再生混凝土含气量与水胶比两因素的交互作用较显著。

4.7.4 试验现象与抗冻指标的讨论

冻融循环作用对混凝土相对动弹性模量和质量损失有很大的影响，现行规范也把相对动弹性模量和质量损失作为冻融破坏的条件准则[150]，但现行规范是基于建筑天然骨料混凝土制定的，对于道面再生混凝土，根据前面道面再生混凝土抗冻研究，认为以下两点值得讨论。

（1）混凝土的冻融破坏是由表及里逐渐破坏。道面再生混凝土和天然骨料混凝土的冻融试验均表明，试件还远未达到冻融破坏标准时，试件表面已经剥落比较严重，有孔洞出现，道面再生混凝土表现更加明显，如图 4-26 所示。在实际中，这样的情况是不允许出现的，因为若表面疏松剥落，飞行时剥落块易被吸入飞机发动机，严重的话会酿成机毁人亡的惨祸，因此，抗冻试验仅用相对动弹模量和质量损失来评价机场道面混凝土特别是道面再生混凝土的抗冻耐久性能是不合适的，应该结合抗剥落试验结果综合评价，或者采取其他更为合理的评价方法，有待进一步研究。

图 4-26 冻融循环后混凝土表面状况

（2）混凝土试件冻融破坏时，相对动弹性模量下降到60%以下，而混凝土质量损失却很小，均在5%以内，特别是道面再生混凝土，损失更小，如表4-18所列，道面再生混凝土冻融破坏时质量损失均在1%以下，个别质量甚至没有损失，主要原因在于再生骨料吸水率大，旧砂浆冻胀过程中吸收很多水分，混凝土质量损失很小甚至没有损失。因此，用质量损失作为评价道面再生混凝土快速冻融破坏标准值得商榷。

4.7.5 抗冻性能影响因素与提高措施

综合本节前面内容分析，影响道面再生混凝土抗冻性能的因素主要有以下几个方面：

（1）水胶比。水胶比对道面再生混凝土抗冻性有一定的影响，在含气量相同的情况下，水胶比降低对提高抗冻性有利，但水胶比对抗冻性的作用有限，若含气量提高明显，则水胶比大的混凝土抗冻性很可能要比水胶比小的好。

（2）新拌道面再生混凝土含气量。新拌道面再生混凝土含气量对道面再生混凝土抗冻性有重要的影响，控制混凝土中的含气量以保证抗冻性是目前普遍采用的方法，在水胶比相同的情况下，提高含气量能够大幅度提高道面再生混凝土的抗冻性。

（3）再生骨料的基体混凝土含气量。增大含气量和降低水胶比达到一定程度后，其对道面再生混凝土抗冻性的提高作用就不那么明显了，若继续降低水胶比增大含气量，只会增加成本。若要继续提高道面再生混凝土的抗冻性，可以选择有一定含气量的基体混凝土用来生产再生骨料，则可以配制出抗冻性能更好的道面再生混凝土。

当然，再生骨料的其他一些性能，如砂浆含量、坚固性等，也对道面再生混凝土抗冻性有很大的影响，坚固性和基体混凝土含气量是有紧密的联系的，在实际中，为了提高道面再生混凝土抗冻性能，要控制好再生骨料砂浆含量、坚固性或基体混凝土含气量。

针对影响道面再生混凝土抗冻性能的因素，提高道面再生混凝土抗冻性能的措施主要有以下几个方面：

（1）提高道面再生混凝土含气量。对于道面再生混凝土，和天然骨料混凝土一样，提高含气量是提高混凝土抗冻性能的一个有效途径。从表3.10、表4.10可以看出，含气量在3%以下的道面再生混凝土的抗冻等级明显低于含气量在4%以上的道面再生混凝土。道面再生混凝土推荐含气量的确定可以参照式（4-1）确定。

（2）降低道面再生混凝土水胶比。降低水胶比是提高混凝土抗冻性能的另一个途径。从表 4-1、表 4-18 可以看出，道面再生混凝土 Z3S、Z3SY1、Z3SY2 的水胶比从 0.36 降低到 0.32 时，抗冻等级从 F150 提高到 F250。

（3）提高基体混凝土含气量。提高再生骨料基体混凝土含气量是提高道面再生混凝土抗冻性的重要途径。抗冻试验中发现，道面再生混凝土的冻融破坏主要由再生骨料中砂浆的破坏引起。如图 4-27 所示，从破坏试件的断面和表面，均发现首先破坏的是再生骨料的旧砂浆，从图 4-27（a）破坏试件的断面我们可以看出试件破坏时新砂浆基本完好，但旧砂浆已经被饱水冻融破坏，由图 4-27（b）可以看出距离试件表面近的旧砂浆冻胀破坏时膨胀，在试件表面形成坑洞，主要由于新旧砂浆孔结构的差异[13]，特别对于用基体混凝土为非引气型混凝土生产的再生骨料配制的引气型的道面再生混凝土，这种差别更加明显。若基体混凝土有较高的含气量，则这种状况会大大缓解，冻融后道面再生混凝土表面状况较好，如图 4-27（c）所示。例如，含气量为 5.6%、水胶比为 0.32 的道面再生混凝土 Z3SY2，含气量为 5.9%、水胶比为 0.36 的道面再生混凝土 Z4S，两者含气量一致，前者水胶比比后者低得多，然而抗冻性能却较后者差，主要原因即在此。从 4.7.3 节分析，得出再生骨料基体混凝

(a) 断面

(b) 表面

(c) 基体混凝土含气量较大的Z4SY冻融后表面状况

图 4-27　冻融破坏后的道面再生混凝土状况

土含气量对道面再生混凝土的抗冻性影响最为显著。因此，提高道面再生混凝土的抗冻性能，增大含气量和降低水胶比达到一定程度后，对道面再生混凝土抗冻性的提高作用就不那么明显了，若继续降低水胶比增大含气量，只会增加成本。若要达到继续提高道面再生混凝土的抗冻性，可以选择有一定含气量的基体混凝土用来生产再生骨料，则可以配制出抗冻性能更好的道面再生混凝土，本书采用含气量为3%的基体混凝土生产再生骨料Z4，配制的道面再生混凝土抗冻等级高达F425就是证明。

另外，提高道面再生混凝土的抗冻性，还有优选再生骨料，根据不同地区抗冻性要求，严格控制再生骨料各项性能指标，优选再生骨料，保证道面再生混凝土的抗冻性。

4.8 耐磨性能

磨损、腐蚀和成穴作用可以造成混凝土表面物质的逐渐损失，降低混凝土抗渗性能，导致其他形式的破坏，混凝土使用寿命在重复摩擦循环下可明显缩短[5]。对于机场道面混凝土，飞机起飞和着陆时高速滑跑，与道面混凝土表面接触产生很大的摩擦力，对混凝土表面有很大的磨损破坏作用，因此耐磨性能是机场道面混凝土的一个很重要的性能指标，本节对道面再生混凝土的耐磨性能进行对比试验研究。

试验依据GB/T 6925—1997《混凝土及其制品耐磨性试验方法》规定进行[163]，结果如表4-23所列。

表4-23　道面混凝土耐磨试验结果

混凝土类型	P	Z1FD	Z1FA	Z1S	TFD	TFA	TS
磨槽深度/mm	1.51	1.11	1.21	1.28	1.04	1.12	1.16
耐磨度	1.48	2.01	1.85	1.75	2.15	2.00	1.93
混凝土类型	Z2FD	Z2FA	Z2S	Z3S	Z3SY2	Z4S	Z4SY
磨槽深度/mm	1.19	1.30	1.39	1.32	1.29	1.35	1.33
耐磨度	1.88	1.72	1.61	1.69	1.73	1.66	1.68

从表4-23可以看出：

（1）道面再生混凝土与普通道面混凝土的耐磨性能。道面再生混凝土耐磨性能比普通道面混凝土好。道面再生混凝土耐磨性较普通道面混凝土提高了

9%~36%，其原因在于掺加优质粉煤灰和外加剂，改善了道面再生混凝土的工作性，使混凝土成型更密实，表面致密。降低了道面再生混凝土的水胶比，且由于粉煤灰颗粒的微集料填充效应提高了水泥浆体的密实度和强度，从而提高道面再生混凝土的耐磨性能。

（2）道面再生混凝土与同配比天然骨料混凝土的耐磨性能。道面再生混凝土耐磨性能与同配比天然骨料混凝土稍差。这是由于耐磨试验主要磨耗表层 3~5mm 的砂浆层，而道面再生混凝土与同配比天然骨料混凝土配合比相比，再生骨料中含有软弱旧砂浆成分，同时道面再生混凝土多了 10kg 吸附水，所以水灰比稍大，砂浆强度稍低，耐磨性能比同配比天然骨料混凝土稍差。

（3）道面再生混凝土耐磨性与再生骨料砂浆含量关系。再生骨料颗粒成分中砂浆强度低，易产生裂缝、孔隙率大，比较软弱，对道面再生混凝土耐磨性有不利影响。通过对比表 4-23 与表 2-1 分析不难发现，在含气量差别不大的情况下，不同再生骨料的道面再生混凝土耐磨度变化随着再生骨料砂浆含量增加而降低，具有较强的相关性。因此，为保证道面再生混凝土的耐磨性能，在选择再生骨料时，必须控制再生骨料砂浆含量。

4.9 冻融、疲劳联合作用下的性能

机场道面混凝土大面积铺筑在露天环境之中，主要承受飞机机轮荷载的反复作用，同时承受气候和环境的长期破坏作用，对混凝土疲劳和抗冻性能要求更高。目前，多是对机场道面混凝土在冻融或疲劳单因素作用下的冻融次数、疲劳次数的研究分析[134]，通过查新文献分析，未见对道面再生混凝土冻融、疲劳二者联合作用下的性能，开展相关研究。但是，找出影响冻融、疲劳后道面再生混凝土的性能的主要因素，在道面使用中采取针对性的使用管理措施，对延长道面使用寿命、保证飞行安全有重要的意义。本章主要基于 RSM 方法，对冻融、疲劳联合作用下道面再生混凝土的性能展开初步研究分析，找出冻融、疲劳对道面再生混凝土的性能的影响情况。

4.9.1 研究方案

根据 4.7.3 节研究结果，考虑到若再生骨料含气量太低，则道面再生混凝土抗冻次数太少，不利于多参数研究分析，所以选取再生骨料 Z3 配制道面再生混凝土，主要考察冻融、疲劳作用下道面再生混凝土的力学性能特点，因此，采用冻融次数（A）、疲劳次数（B）二因素为自变量。为便于考察力学

性能变化，定义经过一定冻融次数和疲劳次数后的强度值与标准养护 28 天强度值的比值为强度指数，因此选取抗折强度指数 K_f和抗压强度指数 K_c为响应，同时相对动弹 P_n 也作为响应。另外，前面研究表明，道面再生混凝土试件冻融破坏时，相对动弹模量下降到 60%以下，而质量损失却很小，均在 1%以下，个别质量甚至没有损失，主要原因在于再生骨料吸水率大，旧砂浆冻胀过程中吸收很多水分，因此，质量损失作为评价道面再生混凝土快速冻融破坏标准值得商榷，所以本章研究冻融、疲劳联合作用下道面再生混凝土的性能，没有选择质量损失作为响应。

有关研究表明，进行疲劳试验，当应力水平较低（0.50 以下），疲劳对混凝土损伤有限，疲劳寿命和试验时间过长，当应力水平较高时，疲劳寿命的数据离散性较大，会造成试验结果误差较大，因此，应力水平选取不能太高，综合前面的试验结果，选择应力水平为 0.60，对应道面再生混凝土疲劳寿命为 5 万次左右。

根据前面道面再生混凝土抗冻与疲劳试验情况，分别选定二因素的零水平和波动区，试验因素与水平的取值如表 4-24 所列。

表 4-24　试验因素及水平的取值

因素	水平取值		
	-1	0	1
A：冻融次数/次	50	100	150
B：疲劳次数/万次	1	3	5

4.9.2　性能分析

根据规范规定第 4 章所述冻融、疲劳试验方法和表 4-24 确定的试验因素与水平，进行试验设计和展开试验，测定初始强度、动弹后先进行疲劳试验，后进行抗冻试验，达到试验设计规定条件后结束试验测定强度、动弹，计算相关结果，如表 4-25 所列。

表 4-25　试验设计与试验结果

序号	试验设计		抗折强度指数 K_f	抗压强度指数 K_c	相对动弹 P_n/%
	A：冻融次数/次	B：疲劳次数/万次			
1	50	1	0.81	0.93	89.9
2	150	1	0.73	0.80	63.9

续表

序号	试验设计		抗折强度指数 K_f	抗压强度指数 K_c	相对动弹 P_n/%
	A：冻融次数/次	B：疲劳次数/万次			
3	50	5	0.67	0.92	86.3
4	150	5	0.59	0.81	64.4
5	50	3	0.75	0.95	89.1
6	150	3	0.68	0.82	71.5
7	100	1	0.78	0.87	74.2
8	100	5	0.61	0.91	71.7
9	100	3	0.71	0.89	80.4
10	100	3	0.72	0.90	78.2
11	100	3	0.69	0.88	75.7
12	100	3	0.75	0.92	78.3
13	100	3	0.65	0.91	74.8

从表4-25可以看出，与表4-18结果对比，在同样冻融次数情况下，相对动弹降低更多，说明冻融、疲劳联合作用下对道面再生混凝土道面的损伤更大，冻融、疲劳具体对道面再生混凝土性能影响及相互作用如何，下面具体分析。

1. 抗折强度指数

利用Design-Expert8.0.5b统计分析软件对表4-25中的试验数据进行二次多元回归拟合分析，并进行优化，提高拟合度，得到道面再生混凝土抗折强度指数K_f与冻融、疲劳次数的二次多项回归模型：

$$K_f = 0.7 - 0.038A - 0.075B + 0.0081A^2 - 0.012B^2 \quad (4-13)$$

对该模型进行显著性检验，结果如表4-26所列，回归模型系数显著性检验结果如表4-27所列。

表4-26 模型的方差分析

项目	平方和	自由度	均方	F值	P值	备注
模型	0.043	4	0.011	14.63	0.0009	显著
残差	5.878×10^{-3}	8	7.348×10^{-4}	—	—	
失拟项	3.582×10^{-4}	4	8.954×10^{-5}	0.065	0.9893	不显著
纯误差	5.520×10^{-3}	4	1.380×10^{-3}	—	—	
总和	0.049	12	—	—	—	

表 4-27　回归模型系数的显著性检验

因素	回归系数	标准差	95%置信下限	95%置信上限	P 值
A	-0.038	0.011	0.68	0.73	0.0085
B	-0.075	0.011	-0.064	-0.013	0.0001
A^2	0.0081	0.011	-0.10	-0.049	0.6327
B^2	-0.012	0.016	-0.030	0.046	0.4866

从表 4-26、表 4-27 中可以看出，回归所得模型显著，模型的校正决定系数 Adj $R^2=0.8196$，说明模型能解释 81.96%的响应值的变化，18.04%不能用此模型来解释；失拟项不显著，复相关系数为 0.8797，说明该模型拟合程度不够好，试验误差稍大，主要原因是抗折强度离散性较大或者试验量较小。图 4-28 为 K_f的残差的正态概率分布图，基本在一条直线上，图 4-29 为 K_f的残差和预测值分布图，分布无规律，图 4-30 为 K_f的预测值和实际值分布图，基本在一条直线上，这些均表明该模型是合适的，但误差可能稍大，但仍可以用该模型定性地对冻融、疲劳后道面再生混凝土的抗折强度进行分析和预测。

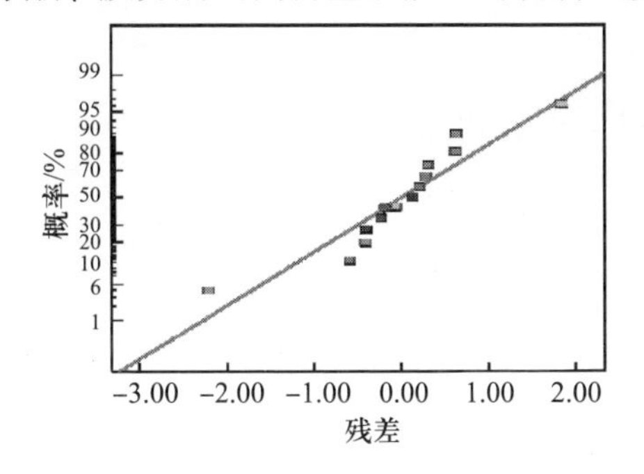

图 4-28　K_f的残差的正态概率分布图

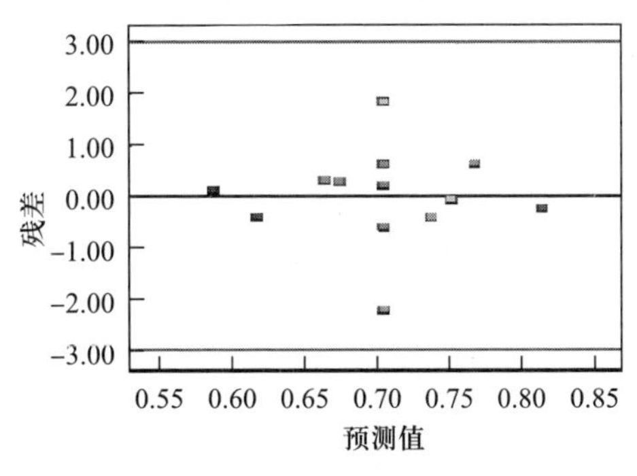

图 4-29　K_f的残差和预测值分布图

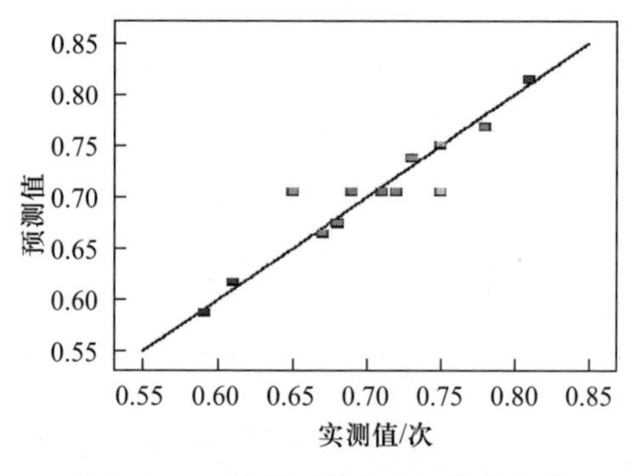

图 4-30　K_f的预测值和实际值分布图

根据模型式（4-13），因素及响应的三维响应曲面及等高线图如图 4-31 所示。

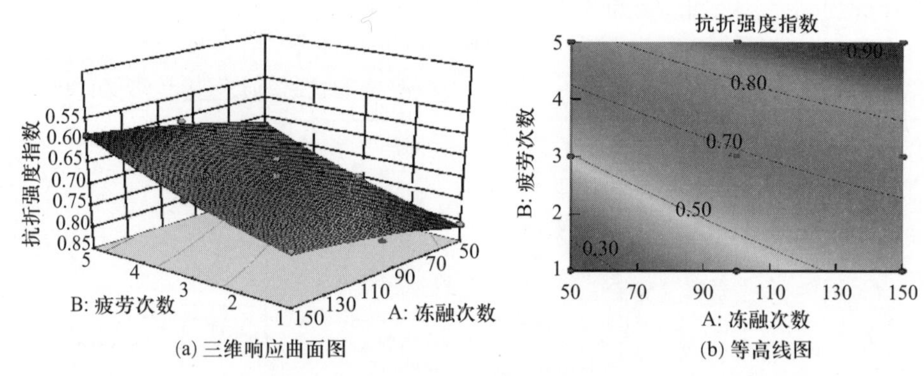

图 4-31　A、B 因素及其交互作用对K_f影响的三维响应曲面图和等高线图

从图 4-31 可以看出：

（1）冻融和疲劳对道面再生混凝土的抗折强度都有影响，疲劳次数影响比冻融次数影响显著，在三维响应面上表现为曲线陡峭程度依次减弱渐趋平缓，从试验过程看也是如此。这表明疲劳损伤对道面再生混凝土的抗折强度影响较大，主要原因是根据机场道面混凝土实际受力特点，采用弯拉疲劳试验，疲劳次数为弯拉疲劳次数，所以疲劳次数主要对抗折强度影响较大。这就要求在平时道面使用过程中，避免超载，增大疲劳荷载，加速道面疲劳损伤，在道面设计时，应考虑到机型发展，增加强度储备，解决因飞机发展而强度、耐久性不足，需要加盖道面的问题。同时，在北方寒冷冰冻地区，低温季节要加强管理，保证雨雪后雨水及时排走，清除冰雪，避免加重道面冻融损伤。

（2）等高线的形状可反映出交互作用的强弱，椭圆形表示两因素交互作用明显，而圆形则与之相反。可以看出，冻融次数和疲劳次数对抗折强度指数的交互作用不是很显著。

2. 抗压强度指数

利用 Design-Expert8. 0. 5b 统计分析软件对表 4-25 中的试验数据进行二次多元回归拟合分析，并进行优化，提高拟合度，得到道面再生混凝土抗压强度指数 K_c 与冻融、疲劳次数的二次多项回归模型：

$$K_c = 0.90 - 0.062A + 0.0067B + 0.005AB - 0.0018A^2 - 0.013B^2 \tag{4-14}$$

对该模型进行显著性检验，结果如表 4-28 所列，回归模型系数显著性检验结果如表 4-29 所列。

表 4-28　模型的方差分析

项目	平方和	自由度	均方	F 值	P 值	备注
模型	0. 025	5	5.057×10^{-3}	28. 97	0. 0002	显著
残差	1.222×10^{-3}	7	1.745×10^{-4}	—	—	
失拟项	7.018×10^{-4}	3	2.339×10^{-4}	1. 80	0. 2867	不显著
纯误差	5.200×10^{-4}	4	1.300×10^{-4}	—	—	
总和	0. 027	12	—	—	—	

表 4-29　回归模型系数的显著性检验

因素	回归系数	标准差	95%置信下限	95%置信上限	P 值
A	0. 90	5.486×10^{-3}	0. 88	0. 91	<0. 0001
B	−0. 062	5.394×10^{-3}	−0. 074	−0. 049	0. 2563
AB	6.667×10^{-3}	5.394×10^{-3}	-6.087×10^{-3}	0. 019	0. 4738
A^2	5.000×10^{-3}	6.606×10^{-3}	−0. 011	0. 021	0. 0606
B^2	−0. 018	7.950×10^{-3}	−0. 037	1.040×10^{-3}	0. 1525

从表 4-28、表 4-29 中可以看出，回归所得模型显著，模型的校正决定系数 Adj R^2=0. 9210，说明模型能解释 92. 1%的响应值的变化，7. 9%不能用此模型来解释；失拟项不显著，复相关系数为 0. 9539，说明该模型拟合程度良好，主要原因是抗压强度离散性小。图 4-32 为 K_c 的残差的正态概率分布图，基本在一条直线上，图 4-33 为 K_c 的残差和预测值分布图，分布无规律，图 4-34 为 K_c 的预测值和实际值分布图，基本在一条直线上，这些均表明该模型是合适的，可以用该模型对冻

融、疲劳后道面再生混凝土的抗压强度进行分析和预测。

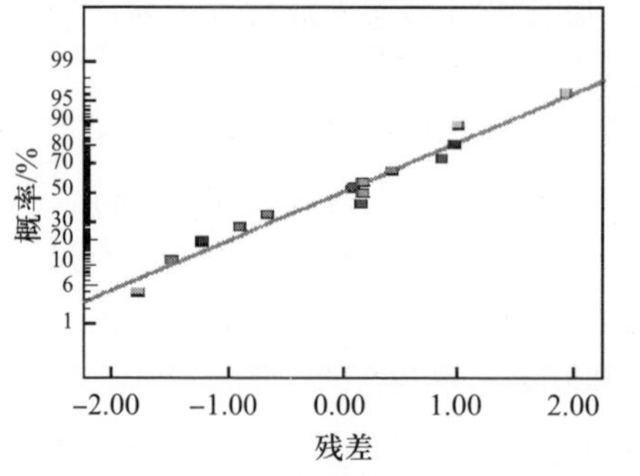

图 4-32 K_c的残差的正态概率分布图

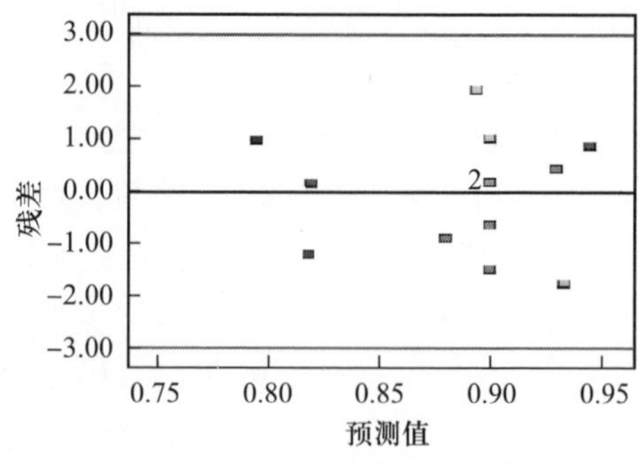

图 4-33 K_c的残差和预测值分布图

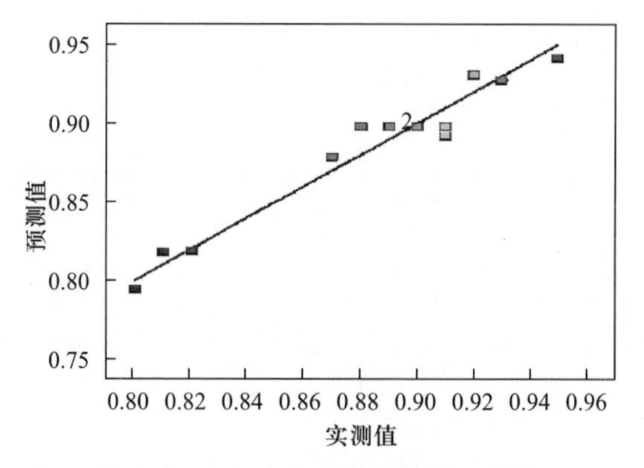

图 4-34 K_c的预测值和实际值分布图

根据模型式（4-14），因素及响应的三维响应曲面及等高线图如图 4-35所示。

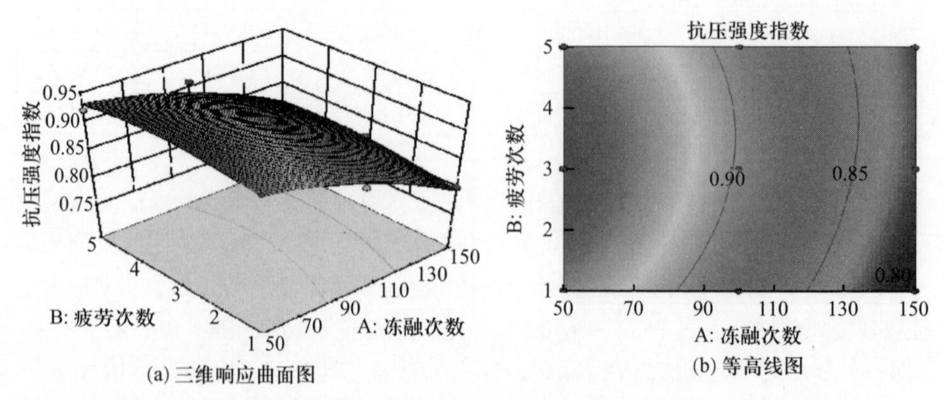

图 4-35 A、B 因素及其交互作用对K_c影响的三维响应曲面图和等高线图

从图 4-35 可以看出：

(1) 冻融次数对道面再生混凝土的抗压强度影响较大，疲劳次数对道面再生混凝土的抗压强度影响很小，在三维响应面上表现为曲线陡峭程度依次减弱渐趋平缓，从试验过程看也是如此。主要因为本书疲劳次数为弯拉疲劳次数。由于冻融次数对道面再生混凝土的抗压强度影响较大，这就要求在平时道面使用过程中，特别是北方寒冷冰冻地区，低温季节要加强管理，保证雨雪后雨水及时排走，清除冰雪，避免加重道面冻融损伤，加剧混凝土抗压强度损失。

(2) 等高线的形状可反映出交互作用的强弱，椭圆形表示两因素交互作用明显，而圆形则与之相反。可以看出，冻融次数和疲劳次数对抗压强度的交互作用也不是很显著，但比对抗折强度的交互作用显著。

3. 相对动弹

利用 Design-Expert 8. 0. 5b 统计分析软件对表 4-25 中的试验数据进行二次多元回归拟合分析，并进行优化，提高拟合度，得到道面再生混凝土相对动弹 P_n 与冻融、疲劳次数的二次多项回归模型：

$$P_n = 77.43 - 10.92A - 0.93B + 1.02AB + 2.99A^2 - 4.36B^2 \quad (4-15)$$

对该模型进行显著性检验，结果如表 4-30 所列，回归模型系数显著性检验结果如表 4-31 所列。

表 4-30　模型的方差分析

项目	平方和	自由度	均方	F 值	P 值	备注
模型	782. 66	5	156. 53	32. 33	0. 0001	显著
残差	33. 90	7	4. 84	—	—	
失拟项	13. 83	3	4. 61	0. 92	0. 5080	不显著
纯误差	20. 07	4	5. 02	—	—	
总和	816. 56	12	—	—	—	

表 4-31　回归模型系数的显著性检验

因素	回归系数	标准差	95%置信下限	95%置信上限	P 值
A	-10. 92	0. 90	75. 27	79. 59	<0. 0001
B	-0. 93	0. 90	-13. 04	-8. 79	0. 3334
AB	1. 02	1. 10	-3. 06	1. 19	0. 3826
A^2	2. 99	1. 32	-1. 58	3. 63	0. 0584
B^2	-4. 36	1. 32	-0. 14	6. 12	0. 0133

从表 4-30、表 4-31 中可以看出，回归所得模型显著，模型的校正决定系数 Adj R^2=0.9288，说明模型能解释 92.88%的响应值的变化，7.12%不能用此模型来解释；失拟项不显著，复相关系数为 0.9585，说明该模型拟合程度良好。图 4-36 为 P_n的残差的正态概率分布图，基本在一条直线上，图 4-37 为 P_n的残差和预测值分布图，分布无规律，图 4-38 为 P_n的预测值和实际值分布图，基本在一条直线上，这些均表明该模型是合适的，可以用该模型定性地对冻融、疲劳后道面再生混凝土的相对动弹进行分析和预测。

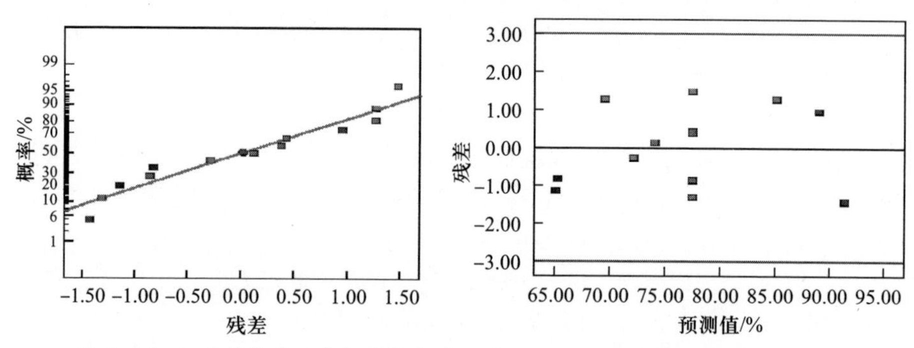

图 4-36 P_n的残差的正态概率分布图　图 4-37 P_n的残差和预测值分布图

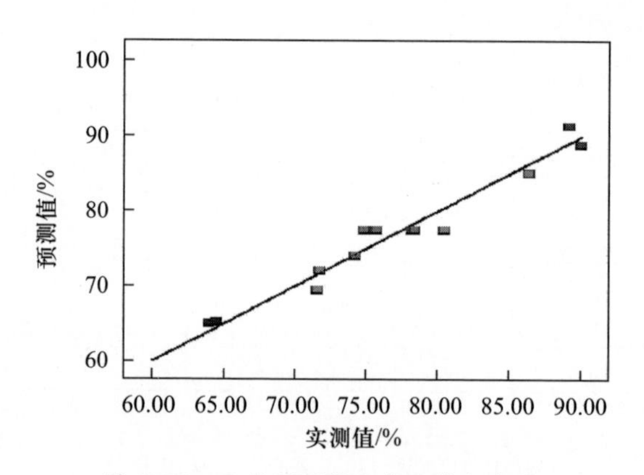

图 4-38 P_n的预测值和实际值分布图

根据模型式（4-15），因素及响应的三维响应曲面及等高线图如图 4-39 所示。

从图 4-39 可以看出：

（1）冻融和疲劳对道面再生混凝土的相对动弹都有影响，冻融次数影响比疲劳次数影响显著，在三维响应面上表现为曲线陡峭程度依次减弱渐趋平

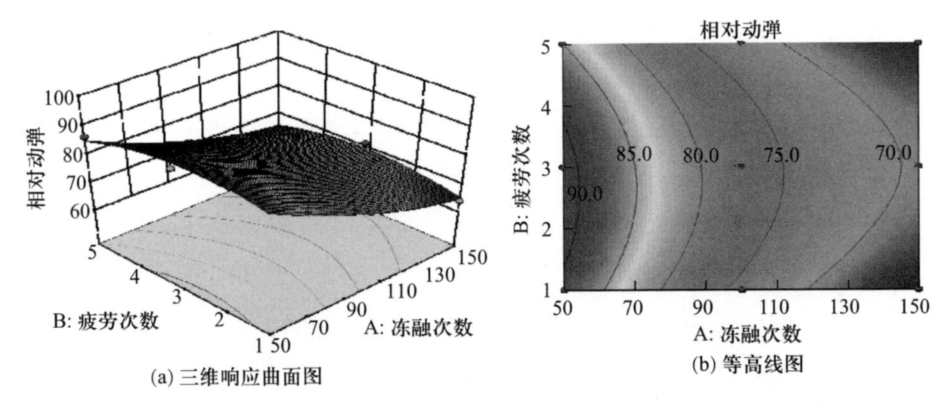

(a) 三维响应曲面图　　(b) 等高线图

图 4-39　A、B 因素及其交互作用对 P_n 影响的三维响应曲面图和等高线图

缓，从试验过程看也是如此。这表明冻融损伤对道面再生混凝土的内部结构变化影响较大。疲劳次数对道面再生混凝土相对动弹的影响，表现出道面再生混凝土在经受较少的疲劳次数后，相对动弹有一个峰值变化，可能是疲劳次数较少时，对道面再生混凝土损伤较少，对混凝土内部结构影响较小，混凝土内部结构在应力的作用下更加密实，所以相对动弹有增加趋势，但随着疲劳次数的增加，对道面再生混凝土损伤增大，影响混凝土内部结构，相对动弹开始减小。

（2）等高线的形状可反映出交互作用的强弱，椭圆形表示两因素交互作用明显，而圆形则与之相反。可以看出，冻融次数和疲劳次数对相对动弹的交互作用比对抗折强度和抗压强度显著，特别是在较小冻融次数的情况下。

4.9.3　动弹模量衰减模型

在疲劳、冻融等作用下，道面再生混凝土内部遭受周而复始的冻胀应力和弯拉应力，使混凝土内部的缺陷逐渐扩大、积累，形成新的损伤，最终使混凝土产生全局性的破坏。定量检测混凝土内部结构损伤变量的指标与相应的耐久寿命衰变模型有很多种，由于损伤过程的不确定性以及复杂性，多种因素影响到混凝土的损伤程度，因此建立理论预测模型要应用材料学、力学和其他知识，结合亚微观层次和宏观层次的研究，模拟损伤的出现和累积过程，建立理论模型的难度是相当大的。目前，基于理论方法建立的混凝土冻融损伤模型具有很大的局限性，并且模型中多种参数的确定方法还很不完善，因此理论模型离实际应用还有很大的距离。而建立在大量试验基础上的经验模型却具有很好的适用性，经验模型大多以相关试验为基础，通过试验数据回归分析建立宏观数学模型。通过本章研究表明，混凝土在冻融或疲劳破坏作用下，随着内部微缺陷的不断增多，其一些基本物理性质将随之发生相应的退化，直至混凝土破坏，抗折强度对内部裂缝较敏感，结果离散性大，而抗压强度对混凝土内部裂缝不太敏感，故用抗压强度值衡量受损伤后混凝土的内部结构是不准确的，且需要试件较多，且抗折强度衰减模型由于冻融疲劳作用下的混凝土强度测试与指标还没有形成规范，检测时多有不便；动弹性模量能敏感地反映混凝土内部结构的损伤，较直接测试抗压强度更准确地表征冻融造成的损伤情况，且为非破损测试方法，所以相对动弹模量衰减模型直接测试混凝土动弹性模量，虽然存在劣点问题，但基本能够反映混凝土结构的损伤状态，且不要求过多试件，能方便地测试损伤过程，所以应用动弹性模量评价混凝土的损伤程度一定程度上是可行的，因此，可以通过建立动弹模量衰减模型来推测混凝土内部的损伤程度。

设 E_0 混凝土损伤前的动弹性模量，E_n 为混凝土经 N 次冻融循环后的动弹模量，其衰变速率为 dN/dE，该速率与时间的动弹模量衰减量成正比，参考相关的动弹性模量衰减模型[164]，建立如下道面再生混凝土指数方程：

$$Y = E_n/E_0 = a e^{bN} \tag{4-16}$$

或者

$$E_n = E_0 a e^{bN} \tag{4-17}$$

式中 Y——相对动弹；

a、b——回归系数。

式（4-17）表明混凝土结构未破损量是随原始结构完整量作自然率规律衰减，这就是混凝土的相对动弹理论衰变方程，其规律与 Isaac Newton 的“物质冷却定律”（物质冷却的速度正比于物质的温度与外部温度的瞬时差）规律是一致的。按式（4-16），从表 4-18 试验结果中选取抗冻等级相差较大的三个配合比 Z1S、Z3SY2、Z4S，其试验结果如表 4-32 所列。

表 4-32　道面再生混凝土相对动弹

冻融循环次数	相对动弹/%		
	混凝土类型		
	Z1S	Z3SY2	Z4S
0	100.0	100.0	100.0
25	93.1	99.1	99.2
50	87.3	94.7	98.8

续表

冻融循环次数	相对动弹/%		
	混凝土类型		
	Z1S	Z3SY2	Z4S
75	77.9	89.5	98.2
100	72.7	80.9	97.0
125	69.5	75.1	96.9
150	66.4	73.8	89.8
175	—	73.3	85.1
200	—	71.3	82.4
225	—	69.9	78.8
250	—	68.1	76.3
275	—	—	74.7
300	—	—	74.1
325	—	—	72.5
350	—	—	69.5
抗冻等级	F150	F250	F350

采用 Origin7.5 软件，对表 4-32 试验结果进行拟合，对比分析发现采用幂函数形式与实际情况更符合，相关性也较好，得到道面再生混凝土冻融损伤的相对动弹模量衰减模型分别为

$$Y = 175.71N^{-0.19028} \tag{4-18}$$

$$Y = 179.38N^{-0.17344} \tag{4-19}$$

$$Y = 152.29N^{-0.12809} \tag{4-20}$$

三个模型的相关系数分别为 0.9600、0.9479、0.9436，拟合图分别如图 4-40（a）、（b）、（c）所示。

分析结果表明，道面再生混凝土动弹模量衰减模型拟合方程相关性较好，所以，本书所建立的道面再生混凝土动弹模量衰减函数模型，一定程度上可以用来推测混凝土内部的损伤程度，预测道面再生混凝土冻融寿命，供开展再生混凝土相关研究参考。

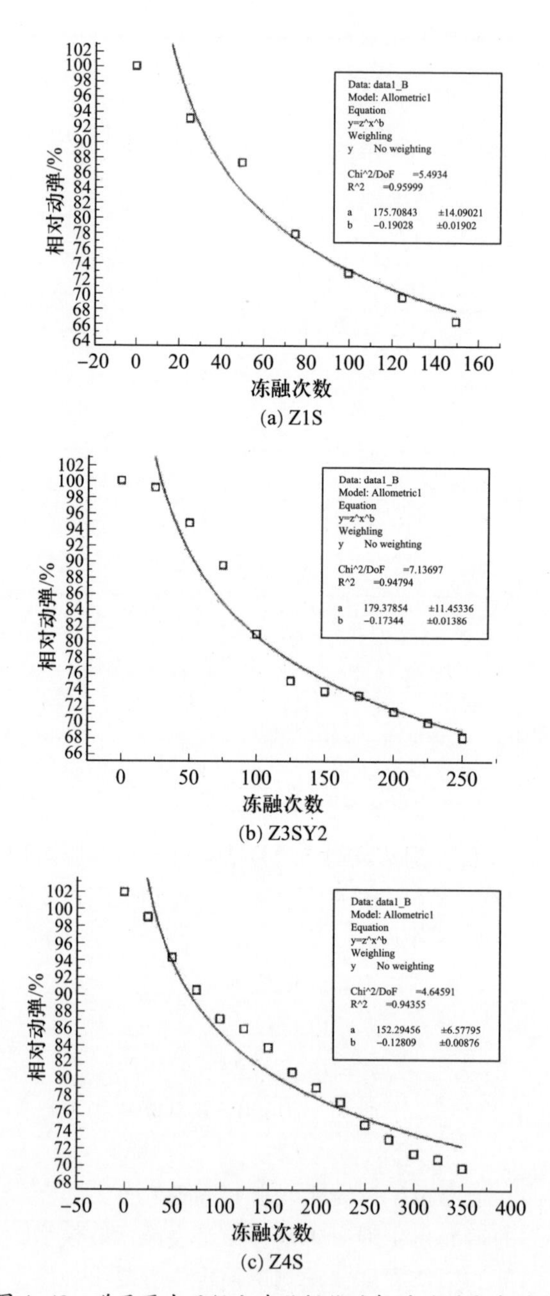

图 4-40 道面再生混凝土冻融损伤的相对动弹衰减模型

第5章　道面再生混凝土结构与机理分析

现代材料科学的核心是结构与性能之间的关系，材料领域内的进展主要在于认识材料的各种性质是由材料的内部结构决定的，可以通过适当地改变材料的结构对材料的性质进行改善。材料的结构包括宏观结构和微观结构，宏观结构指人的肉眼可以看到的结构，微观结构指必须借助光学或电子显微镜才能看到的结构。虽然混凝土是应用最广泛的结构材料，但通过微观结构观察，其结构是不均匀的，而且高度复杂，其结构与性质的关系至今尚未得到很好的阐明。从宏观上讲混凝土是骨料颗粒分散在水泥浆基体中的两相结构，可从微观上讲混凝土结构却存在第三相——过渡区，即骨料与水泥浆体之间的界面区[5]。混凝土的内部结构对混凝土的强度、疲劳特性、耐久性、干燥收缩变形特性等性能有重要的影响。因此，前面对道面再生混凝土和天然骨料道面混凝土的诸多性能进行了研究，它们之间有一定的差异，为进一步研究探明这种性能差异的根本原因，有必要对道面再生混凝土内部微观结构进行研究分析，本章主要对道面再生混凝土和天然骨料道面混凝土微观结构和矿物组成进行分析，并分析产生上述性能差异的原因及机理。

5.1　孔结构特性

混凝土的气孔结构特性对其抗冻性能有重要的影响，通常将气泡数量、形状、孔隙比、间距系数等作为混凝土气孔结构参数进行研究。早在20世纪50年代，鲍尔斯（T. C. Powers）等人首先开展了掺引气剂硬化混凝土气泡结构性质的测试分析研究，并提出满足混凝土抗冻性能要求的气泡间距系数的重要概念[165-169]；中国水利水电科学研究院李金玉教授等人针对水利工程行业混凝土也进行过较为系统的研究，提出了为保证良好的抗冻性能，混凝土中的气泡必须有合适的间距系数[170,171]。

为了进一步认识气孔结构对道面再生混凝土抗冻性能的影响，我们专门对此开展试验研究，根据抗冻结果分布情况，对道面再生混凝土（Z1FD、Z1FA、Z1S、Z3SY1、Z3SY2、Z4SY）、同配比天然骨料混凝土（TFD、TFA、

TS）及普通道面混凝土（P），共 10 个配合比的道面混凝土孔结构进行研究分析，得出结论并分析原因，同时与已有研究成果进行对比分析，揭示道面再生混凝土抗冻性能改善的机理。

5.1.1 研究方法

硬化混凝土气泡参数的测定，国内外一般都采用美国混凝土协会 ASTM C 457 方法，有直线导线法（Linear Traverse Method）和改进结点法（Modified Point Count Method）两种[172]。通常采用直线导线法，其基本原理是在混凝土测试试件切割断面上取数条导线，测定导线切割的气泡个数、气泡弦长大小及总和，计算出气泡在混凝土中所占的体积百分率、气泡平均孔径、气泡比表面积、气泡间距系数等硬化混凝土气泡结构参数。但其中表征硬化混凝土气泡结构特征的参数主要有 3 个，即含气量、平均气泡半径和气泡间距系数，其中气泡间距系数最为重要[173,174]。

气泡参数测定仪器采用 JQH-Ⅱ型照相体视显微镜。试验方法参照有关规定进行[171,172]，最小观测总面积和最小总导线长度应符合表 5-1 的规定。

表 5-1　最小观测总面积和最小总导线长度

粗集料最大粒径/mm	最小观测总面积/cm^2	最小总导线长度（mm）
37.5	97	2540
25.0	77	2413
19.0	71	2286
9.5	58	1905

5.1.2 结果与分析

对新拌混凝土进行含气量测试，对测定抗折强度的试件断面进行切割打磨，用来观测气孔结构，切割打磨好的试件如图 5-1 所示，道面混凝土气孔结构测试图片如图 5-2 所示。

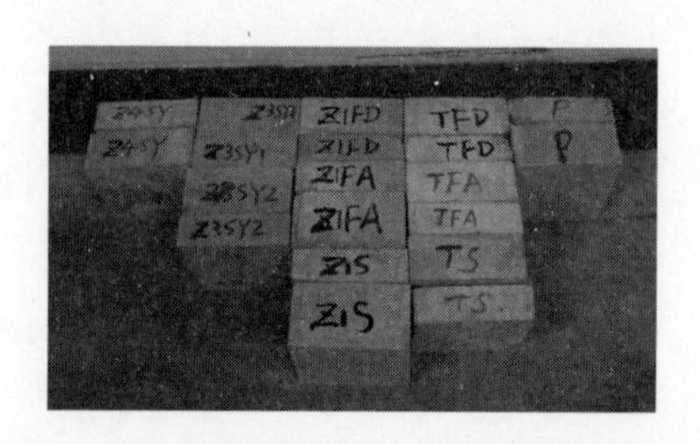

图 5-1　道面再生混凝土气孔结构测试试件

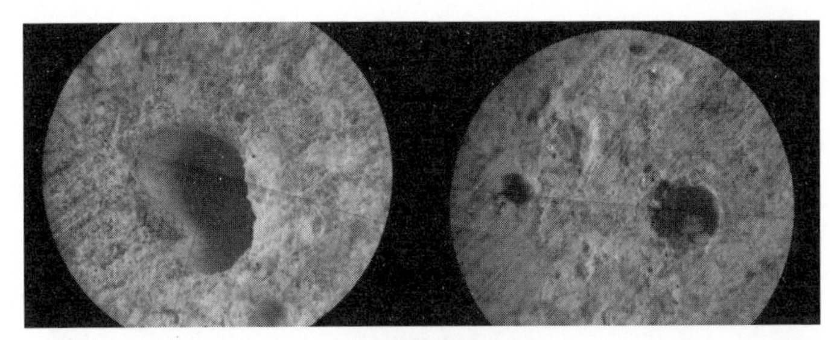

(a) 普通道面混凝土P

(b) 同配比天然骨料混凝土TFD

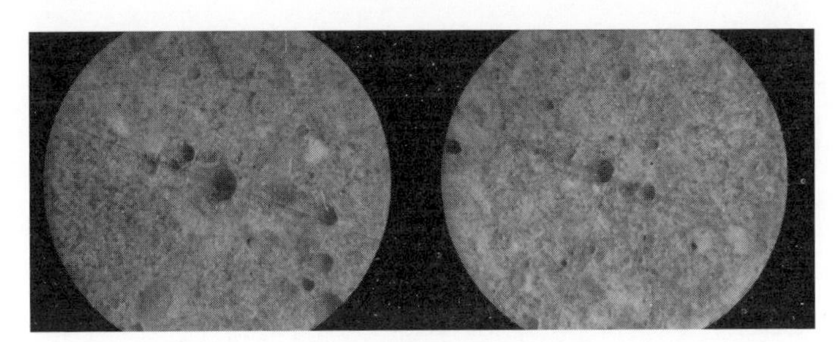

(c) 同配比天然骨料混凝土TFA

(d) 同配比天然骨料混凝土TS

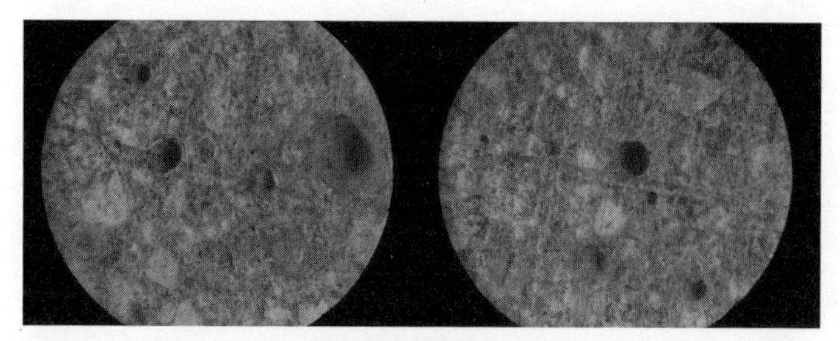

(e) 道面再生混凝土Z1FD

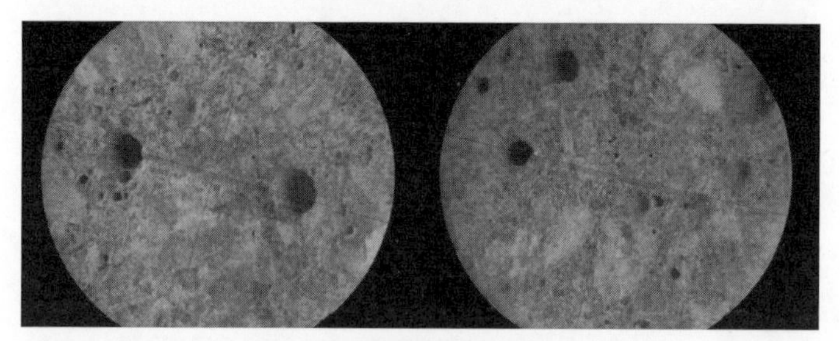

(f) 道面再生混凝土Z1FA

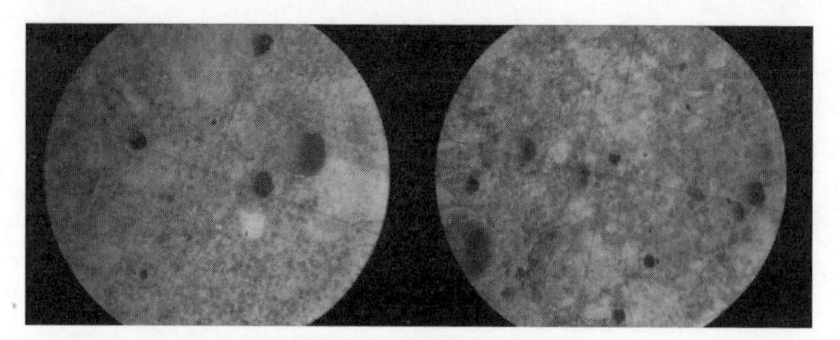

(g) 道面再生混凝土Z1S

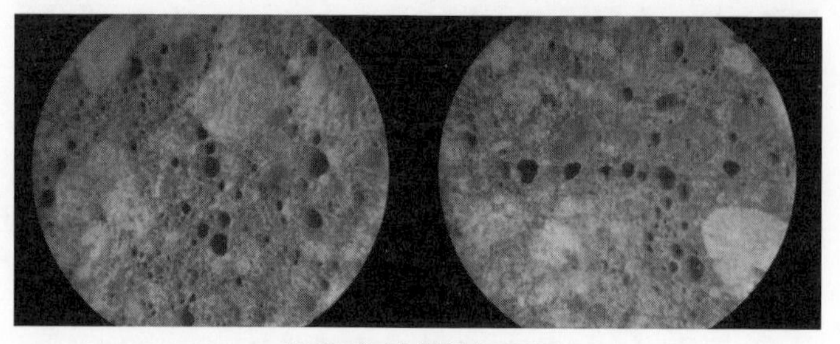

(h) 道面再生混凝土Z3SY1

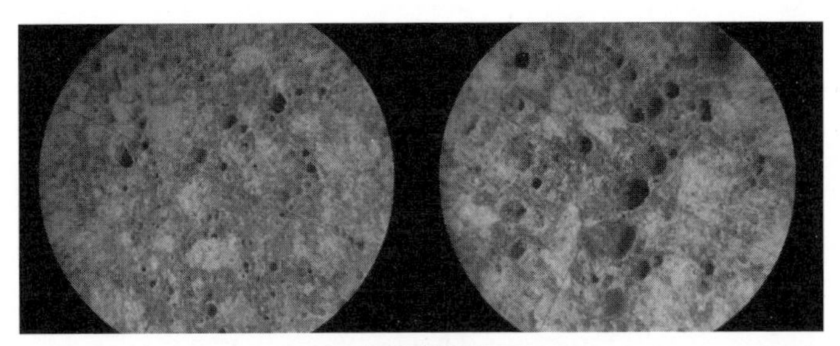

(i) 道面再生混凝土Z3SY2

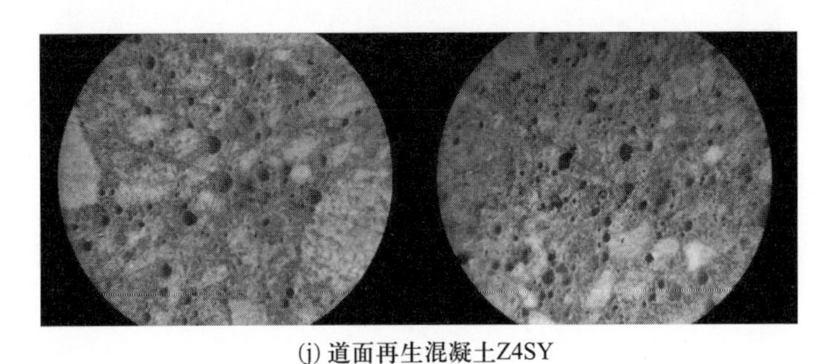

(j) 道面再生混凝土Z4SY

图 5-2　道面混凝土气孔结构测试图片

10 组机场道面混凝土气孔结构试验观测所得数据如表 5-2 所列，根据直线导线法观测的数据，按下列公式计算各参数，计算结果一并汇总于表 5-2。

气泡平均弦长：

$$m_l = \sum l/N \tag{5-1}$$

气泡比表面积：

$$\alpha = 4/m_l \tag{5-2}$$

气泡平均半径：

$$m_r = 3m_l/4 \tag{5-3}$$

硬化混凝土中的空气含量：

$$A = \sum l/T \tag{5-4}$$

1000mm³混凝土中的气泡个数：

$$n_v = (3/4\pi)A/m_r^3 \tag{5-5}$$

平均每 10mm 导线切割的气泡个数：

$$n_l = 10N/T \tag{5-6}$$

气泡间距系数：

当混凝土中浆气比 P/A 大于 4.342 时，按下式计算：

$$L = 3A[1.4(P/A + 1)^{1/3} - 1]/(4n_l) \tag{5-7}$$

当混凝土中浆气比 P/A 小于 4.342 时，按下式计算：

$$L = P/(4n_l) \tag{5-8}$$

上述式中　m_l——气泡平均弦长（μm）；

$\sum l$——全导线切割的气泡弦长总和（mm）；

N——全导线切割的气泡总个数；

α——气泡比表面积（mm^2/mm^3）；

m_r——气泡平均半径；

n_v——1000mm^3混凝土中的气泡个数；

A——硬化混凝土中的空气含量（%）；

T——全导线总长（mm）；

P——混凝土中水泥净浆含量（体积比，不包括空气质量）（%）；

n_l——平均每 10mm 导线切割的气泡个数；

L——气泡间距系数（μm）。

表 5-2　硬化混凝土气泡参数与抗冻性能

混凝土类型	抗冻等级	全导线总长 T/mm	混凝土中水泥净浆含量 P/%	气泡比表面积 α/（mm^2/mm^3）	气泡间距系数 L/μm	混凝土含气量/%	
						新拌	硬化
P	F75	2800	24.7	21.49	554	1.0	0.57
TFD	F150	2800	28.1	24.46	440	1.5	0.82
TFA	F200	2800	27.9	24.34	387	1.7	1.12
TS	>F400	2800	25.2	22.33	286	4.1	2.48
Z1FD	F100	2800	28.3	26.32	350	2.3	1.20
Z1FA	F100	2800	27.9	26.14	330	2.7	1.38
Z1S	F150	2800	25.9	23.96	251	4.7	2.91
Z3SY1	F200	2800	23.5	19.43	249	6	4.27
Z3SY2	F250	2800	23.7	23.07	212	5.6	4.22
Z4SY	F425	2800	23.2	22.10	207	6.1	4.78

由表 5-2 可以看到，掺加了引气剂的道面混凝土含气量明显提高，气泡间距系数明显减小，抗冻性能较普通道面混凝土得到了大幅度提升。但相同抗冻等级的道面天然骨料混凝土与道面再生混凝土，气泡间距系数不同。对于道面天然骨料混凝土，抗冻等级在 F200 以上，气泡间距系数均在 300μm 左右，与李金玉研究结果比较一致[171]，比现行《公路水泥混凝土路面施工技术规范》中规定的混凝土路面和桥面最大平均气泡间距系数（表 5-3）稍大[175]，主要原因在于机场道面混凝土为干硬性混凝土，胶凝材料用量较少，气泡较少，所以气泡间距系数稍大。对于道面再生混凝土，由于再生骨料抗冻性差，要达到相同的抗冻等级，气泡间距系数比道面天然骨料混凝土小，抗冻等级在 F200 以上，气泡间距系数均在 250μm 以下。从表 5-2 还可以看出，用再生骨料 Z3、Z4 配制的道面再生混凝土 Z3SY1、Z3SY2、Z4SY，抗冻次数分别为 200、250、425，含气量和气泡间距系数相差不是很大，但抗冻次数却相差了 2 倍左右，主要原因在于生产再生骨料 Z4 的基体混凝土有一定含气量，为 3%，对道面再生混凝土抗冻性能提高有利，也印证了 4.7 节的分析。

表 5-3　混凝土路面和桥面最大平均气泡间距系数（μm）

<table>
<tr><th colspan="2">公路技术等级
环境</th><th>高速公路、一级公路</th><th>其他公路</th></tr>
<tr><td rowspan="2">严寒地区</td><td>冰冻</td><td>275</td><td>300</td></tr>
<tr><td>盐冻</td><td>225</td><td>250</td></tr>
<tr><td rowspan="2">寒冷地区</td><td>冰冻</td><td>325</td><td>250</td></tr>
<tr><td>盐冻</td><td>275</td><td>300</td></tr>
</table>

为了进一步明确气泡间距系数、含气量、抗冻次数等参数之间的关系，对道面再生混凝土（Z1FD、Z1FA、Z1S、Z3SY1、Z3SY2、Z4SY）和天然骨料道面混凝土（P、TFD、TFA、TS）的气泡间距系数与抗冻次数、新拌混凝土含气量与硬化后混凝土含气量、硬化后混凝土含气量与气泡间距系数之间的关系进行回归分析，结果如图 5-3～图 5-5 所示。

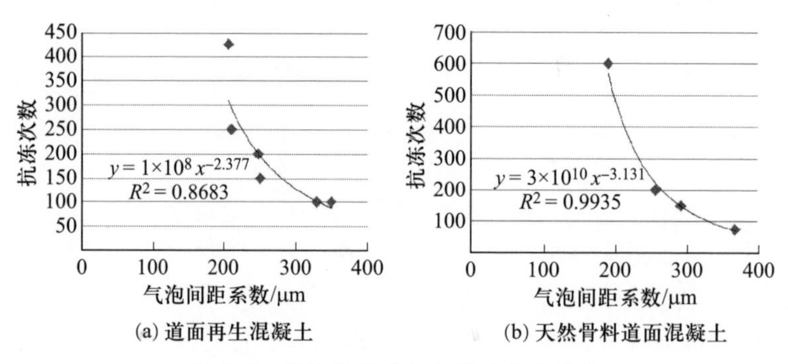

图 5-3　气泡间距系数与抗冻次数关系

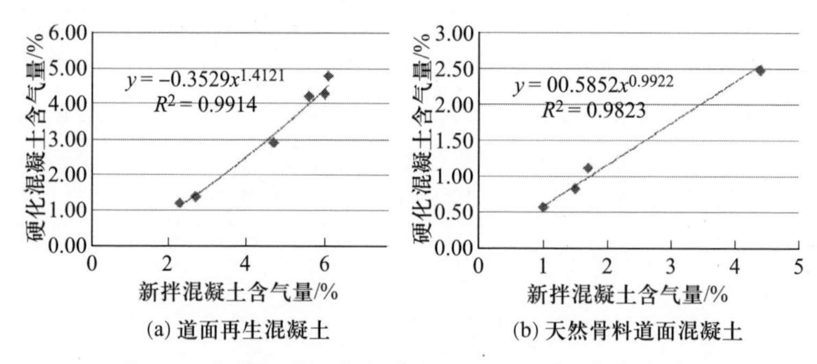

图 5-4　新拌混凝土含气量与硬化后混凝土含气量关系

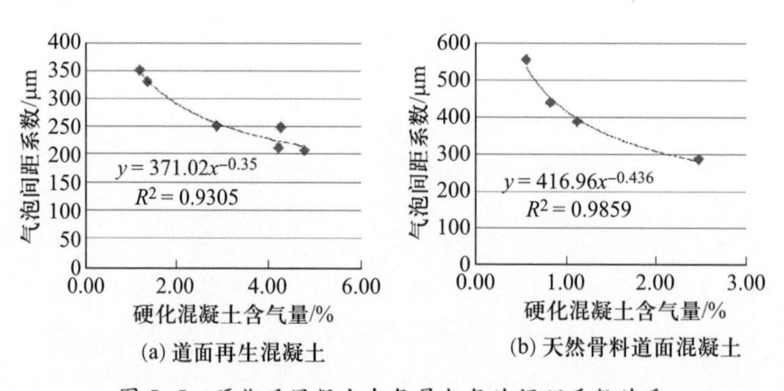

图 5-5　硬化后混凝土含气量与气泡间距系数关系

由图 5-3~图 5-5 可以得出，回归的关系式中气泡间距系数与抗冻次数、新拌混凝土含气量与硬化后混凝土含气量、硬化后混凝土含气量与气泡间距系数的相关系数比较接近，说明对于道面再生混凝土与天然骨料道面混凝土，气泡间距系数和抗冻次数、新拌混凝土含气量与硬化后混凝土含气量、硬化后混凝土含气量与气泡间距系数之间均有较高的相关性，与已有研究结果一致[174-176]，表明可以用含气量、气泡间距系数等气泡参数间接地初步计算分析判断道面再生混凝土的抗冻性能的优劣。

在实际工程中，对有设计抗冻性要求的混凝土，需要进行抗冻性能检测，检测方法是采用国家标准规定快速冻融方法，完成这一试验的周期一般来说要两三个月，这样往往造成质量控制滞后、拖延工期的情况。通过以上道面再生混凝土气孔结构试验研究分析，表明可以采用观测硬化混凝土中气泡的性质及测得有关参数，根据这些数据与参数，间接分析混凝土的抗冻性能，为设计、施工控制提供参考。这一具有较短试验周期的方法，初步判断混凝土抗冻性能的优劣，再依据国家标准规定快速冻融方法测试结果最终判断混凝土抗冻性能的优劣，从而达到控制工程质量和保证工期的目的。

5.2 微观结构分析

微观分析试验在中国兵器工业第二一三研究所进行，试验样品从抗折强度试验试件断头上选取合适大小的小碎块，试验时，先在每个试样表面上喷金，待金层凝固后，放入扫描电镜仪中进行观测，拍摄有特征的微观结构形貌，并进行相应部位的能谱分析，结果及分析如下。

5.2.1 普通道面混凝土

对普通道面混凝土（P）进行电镜扫描和能谱分析，结果如图 5-6 所示。

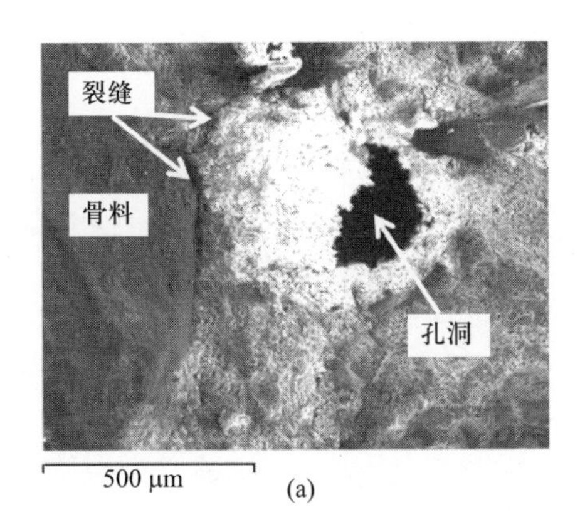

(a)

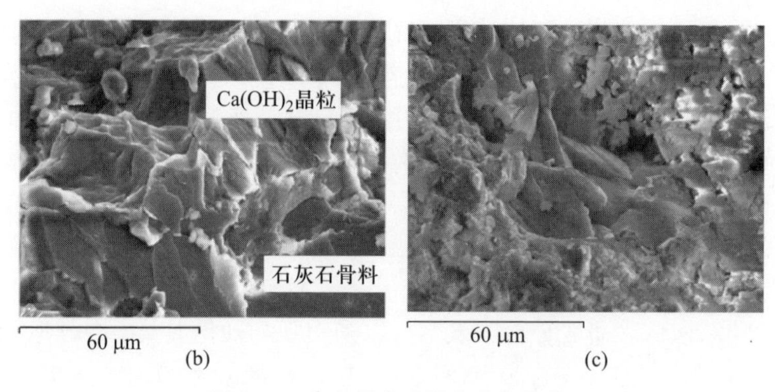

图 5-6　普通道面混凝土内部结构

由图 5-6（a）可以看出，普通道面混凝土内部特别是过渡区附近有明显的裂缝、大的孔洞。由图 5-6（b）、（c）可以明显看出，其过渡区中的水化产物 Ca（OH）$_2$晶粒大且集中，比较疏松，对混凝土强度特别是抗折强度极为不利。因为抗折强度对混凝土的微裂缝等内部缺陷比较敏感，同时疏松的过渡区对混凝土的抗冻、抗渗等耐久性能也有很大的影响，为水分迁移提供通道，降低混凝土的抗冻、抗渗性能。

5.2.2　道面再生混凝土

由于再生骨料含有一定的旧砂浆，因此道面再生混凝土内部结构比天然骨料道面混凝土复杂，其过渡区不只包括骨料与新砂浆，还包括骨料与旧砂浆、新旧砂浆。对道面再生混凝土（Z1FD、Z1FA、Z1S）的内部结构进行电镜扫描和能谱分析，分别如下。

1. 骨料与新砂浆过渡区附近内部结构

电镜扫描和能谱分析结果如图 5-7 所示。

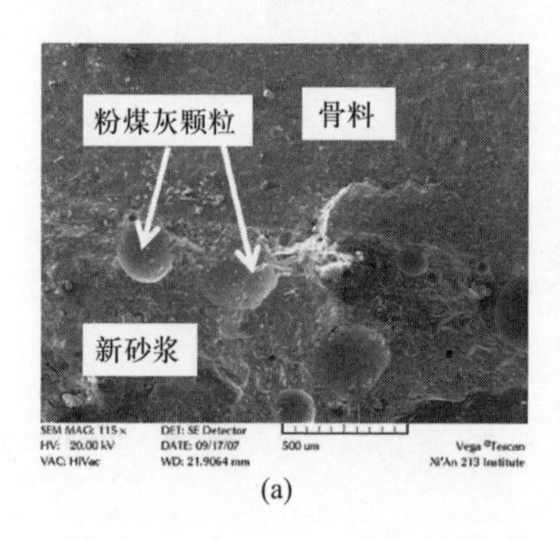

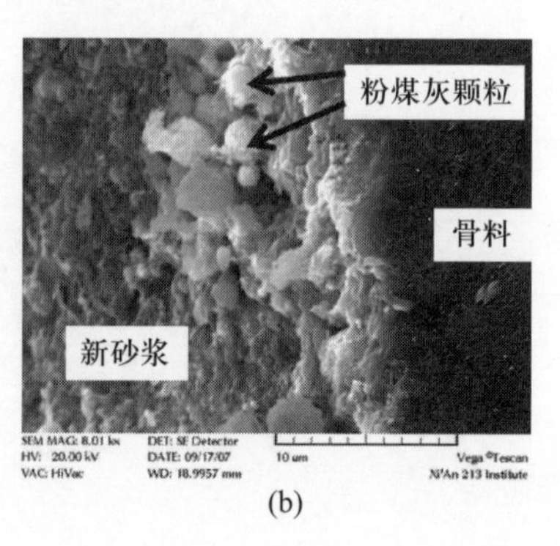

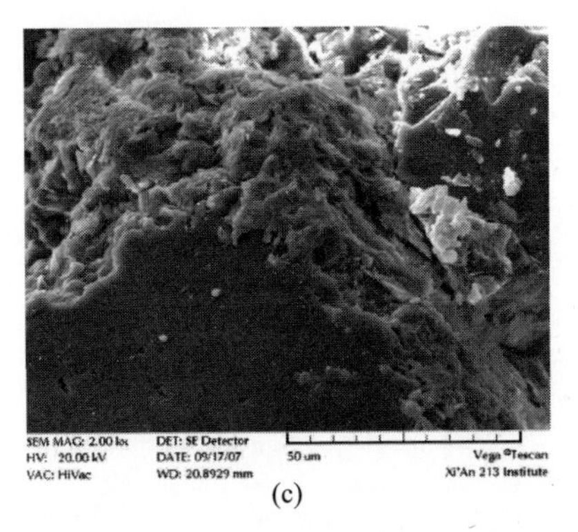

(c)

图 5-7　道面再生混凝土骨料与新砂浆过渡区附近内部结构

由图 5-7（a）可以看出，道面再生混凝土内部裂缝孔隙较少。由图 5-7（b）、（c）可以明显看出，骨料与新砂浆过渡区比较致密，没有像普通道面混凝土那样有大且集中的 $Ca(OH)_2$ 晶粒。因此，虽然再生骨料存在原生缺陷，但从前面所进行道面再生混凝土的各项性能研究结果看，其性能明显优于普通道面混凝土，主要原因在于掺加优质粉煤灰和高效外加剂，改善了道面再生混凝土的内部结构和过渡区结构，进而提高其综合性能。

2. 新旧砂浆界面附近内部结构

电镜扫描和能谱分析结果如图 5-8 所示。

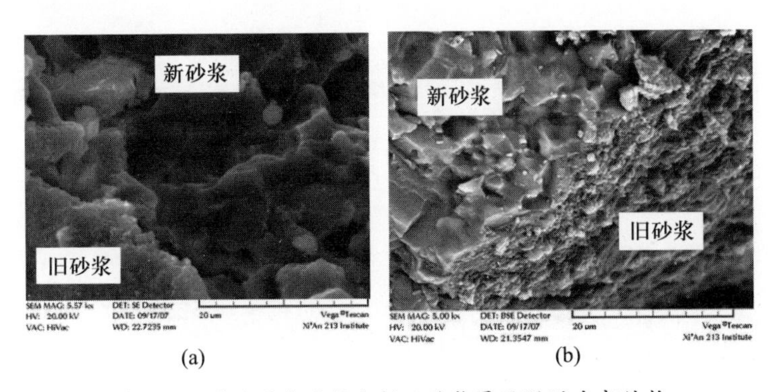

(a)　(b)

图 5-8　道面再生混凝土新旧砂浆界面附近内部结构

由图 5-8 可以看出，再生混凝土中新旧砂浆过渡区界面不明显，两者结合致密。掺加粉煤灰的道面再生混凝土的新旧砂浆界面处没有大的孔洞，也没有大而集中的 $Ca(OH)_2$ 结晶，水化产物较密实，原因是旧砂浆吸水能力较强，它所吸收的水分既能保证界面周围水泥的水化，又不至于形成像天然骨料周围那样较大的充水空间，旧砂浆表面的许多微细裂缝会吸入较细的新水泥颗粒，使接触面的水化更加完全，形成致密的结构，水化产物在这一区域十分密实，界面结合得到加强，因而新、旧砂浆的界面黏结强度较高[42]。更重要的是，掺加粉煤灰的火山灰效应、微集料效应，很好地改善了道面再生混凝土的内部结构，所以掺加了粉煤灰的道面再生混凝土的新旧砂浆界面处没有大的孔洞。

3. 骨料与旧砂浆过渡区附近内部结构

电镜扫描和能谱分析结果如图 5-9 所示。

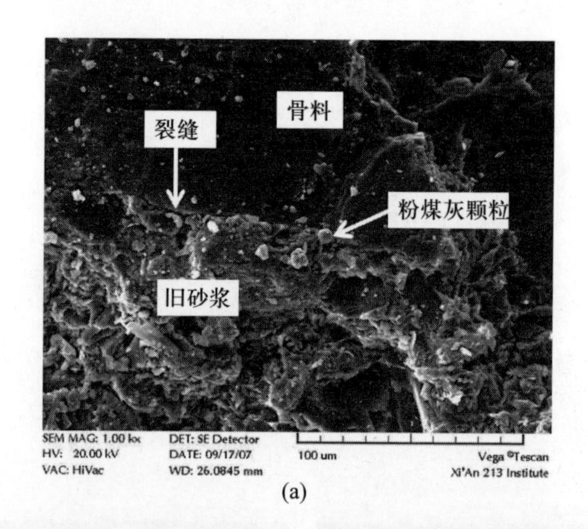

(a)

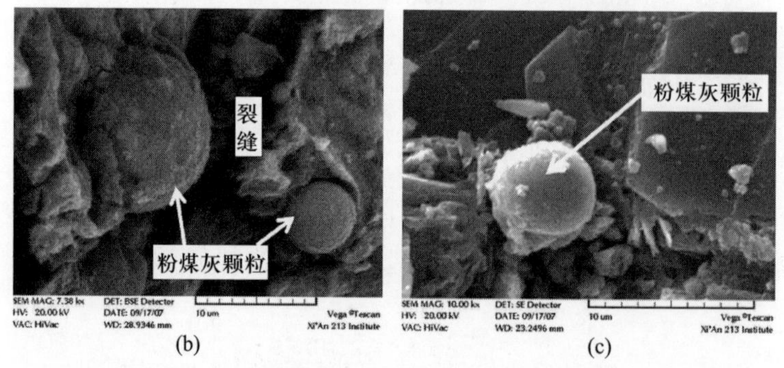

(b) (c)

图 5-9 道面再生混凝土的骨料与旧砂浆界面附近内部结构

从图 5-9（a）可以看出，骨料与旧砂浆界面处有一些明显的裂缝。原因可能是在再生骨料生产过程中，由于机械作用力，原骨料与旧砂浆的界面是软弱过渡区，界面很容易破坏，产生裂缝，对道面再生混凝土的强度，特别是抗折强度产生不利影响。但是掺加粉煤灰后，由于粉煤灰颗粒较细，水泥浆可以进入部分裂缝，对再生骨料产生强化作用，由图 5-9（b）、（c）可以明显看出裂缝中有水泥水化产物及部分参与水化的粉煤灰颗粒。

从以上对道面再生混凝土的三种过渡区：骨料—新砂浆、新旧砂浆、骨料—旧砂浆的微观分析结果看，掺加粉煤灰的道面再生混凝土，骨料与旧砂浆的界面区有较明显的裂缝，其黏结强度可能最低，是道面再生混凝土中最薄弱的环节，对道面再生混凝土的强度及其他性能有重要的影响，提高道面再生混凝土的性能，应从改善这几个过渡区入手。

5.2.3 同配比天然骨料道面混凝土

对同配比天然骨料混凝土（TFD、TFA、TS）进行电镜扫描和能谱分析，结果如图 5-10 所示。

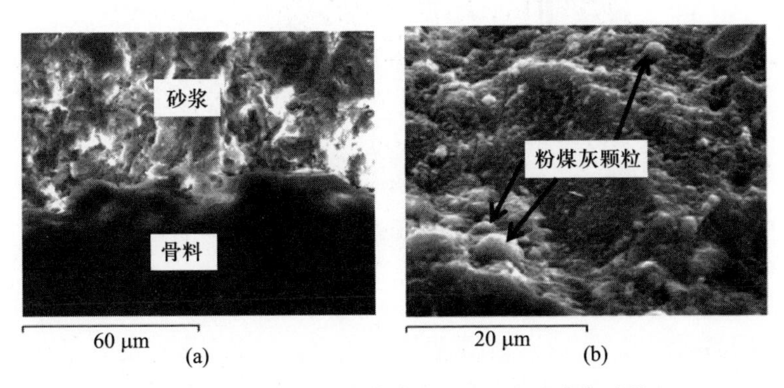

图 5-10　同配比天然骨料道面混凝土的内部结构

由图 5-10 可以明显看出，同配比天然骨料道面混凝土内部裂缝孔隙很少，骨料与砂浆过渡区比较致密，没有像普通道面混凝土那样有大且集中的 $Ca(OH)_2$ 晶粒，混凝土内部其他部分也没有大且集中的 $Ca(OH)_2$ 晶粒，这是因为掺加粉煤灰，其物理或化学作用，很好地改善了混凝土的内部结构。

5.3 性能机理分析

通过前面各章对道面再生混凝土性能的研究，以及本章微观结构的研究分析，可以揭示道面再生混凝土的性能形成机理，除了外掺料和外加剂的作用外，再生骨料本身也是一个重要因素。简述如下：

对于不掺加外掺料和外加剂的普通道面混凝土，作为一种不均质或不连续的多相复合材料，在其内部必然存在结构薄弱环节，其主要薄弱环节则为相对均质的骨料与水泥浆体之间的界面过渡区。尽管由于水泥水化可与骨料粘结在一起，但其黏结强度仍相对较低，混凝土的破坏主要沿其界面发生。

混凝土界面过渡区特殊结构的形成主要是由于组成混凝土的材料特性不同造成的。混凝土拌合物成型过程中，由于混凝土中各组成材料的密度不同，骨料下沉而水分上升。在水分向上迁移的过程中，部分迁移水受骨料的阻碍在其下部形成水囊。水囊足够大时，水分沿骨料侧面继续向上迁移，使骨料侧面形成过水通道，进而在骨料表面形成一层水膜（如图 5-11 示意）。

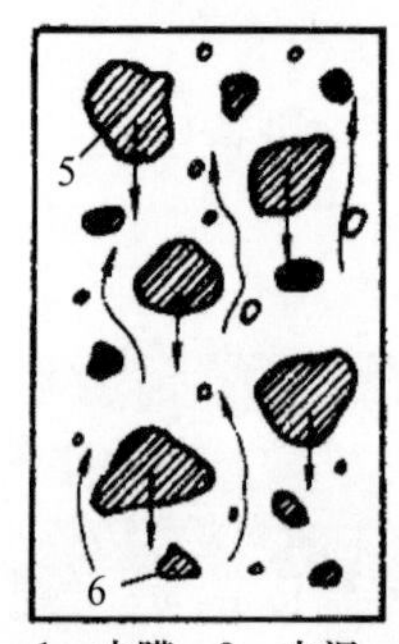

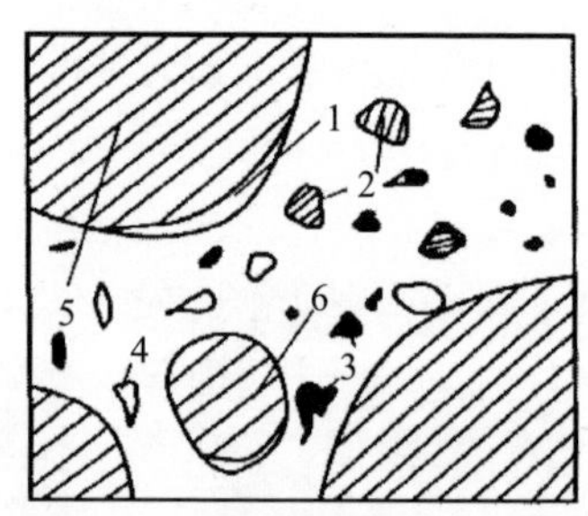

1—水膜；2—水泥；3—水化物；4—气泡；5—石子；6—砂。

图 5-11　新拌混凝土骨料周围水膜的形成

根据 Maso 就过渡区形成机理提出的假设，也认为在混凝土拌和成型过程中，在骨料表面形成了一层几个微米厚的水膜，其水泥颗粒的分布密度在紧靠骨料处几乎为零，然后随着距离的增大而提高。所以，在这层水膜内可以认为基本上不存在水泥颗粒。由于骨料界面处所覆盖的取向性很强、尺寸较大的 $Ca(OH)_2$ 晶体表面能低，而表面能很高的 C-S-H 凝胶的数量又很少，致使界面黏结强度低。此外，由于界面过渡区为多孔区，其密实度很低，由此共同决定了骨料界面过渡区为混凝土内部的薄弱结构[5]。

由以上界面过渡区形成机理分析可知，作为混凝土的内部结构，界面过渡区主要具有以下特征：

（1）水泥水化产生的 $Ca(OH)_2$ 和钙矾石在界面处有取向性，且晶体颗粒比水泥浆体中的粗大。

（2）具有更大、更多的孔隙，且结构疏松。

（3）水泥浆体泌水性大，浆体中的水分向上部迁移，遇骨料后受阻，在其周围形成水膜，削弱了界面的黏结，形成过渡区的微裂缝。

这些特征在普通道面混凝土微观结构分析中也得到了印证。与天然骨料混凝土不同，由于再生骨料中含有旧砂浆，道面再生混凝土结构不只有三相，除了骨料、水泥砂浆体、骨料—新水泥砂浆过渡区三相外，还有旧砂浆、骨料—旧水泥砂浆过渡区、新旧砂浆过渡区三相，再生混凝土内部结构如图 5-12 示意。其中骨料—新水泥砂浆过渡区、骨料—旧水泥砂浆过渡区、新旧砂浆过渡区，是道面再生混凝土中的软弱地带，对道面再生混凝土性能有重要的影响。

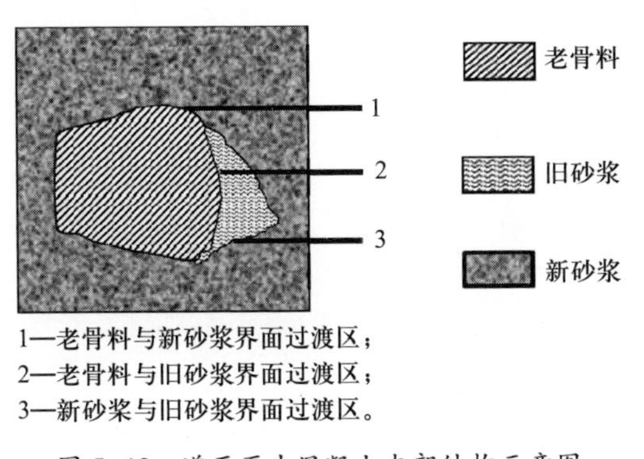

图 5-12　道面再生混凝土内部结构示意图

再生粗骨料表面包裹的旧水泥砂浆，旧水泥砂浆中水泥的活性对再生混凝土的强度发展有一定的影响。研究表明，混凝土的凝结硬化是一个非常缓慢的过程，龄期 28 天的水泥石，水泥的水化程度只有 60%左右。一些资料表明，混凝土经过 20 年的时间水化还没有完全结束，也就是说，此时水泥石中还存在有利于混凝土硬化的活性成分[5,128]。再生骨料混凝土拌合物中，这些活性成分，可能溶出离子，溶出的离子应该可以参与水泥的水化反应，旧砂浆中未水化的水泥颗粒也继续水化。由于靠近再生粗骨料表面的液相浓度最大，所生成的水化产物将填充在界面过渡区的毛细孔隙内，对提高界面黏结强度有利。

当基体混凝土强度较低或再生混凝土设计强度较高时，再生混凝土的强度有可能会高于基体混凝土，主要原因除了再生骨料中旧砂浆的活性和未完全水化外，还有再生骨料表面粗糙，与新浆体的界面啮合力强，再生骨料吸水率高，加水搅拌后，再生骨料大量吸收新拌水泥浆体中多余的水分，既降低了粗骨料表面的水灰比，使表面水膜较薄或者没有，同时又降低了混凝土拌合物中的有效水灰比，这对增强过渡区强度十分有利。在道面再生混凝土凝结硬化阶段，搅拌过程中再生骨料所吸收水分又缓慢释放，形成内养护作用，对道面再生混凝土强度发展非常有利。另外再生混凝土中，再生骨料表面包裹着原硬化砂浆，所以再生骨料与新砂浆之间弹性模量相差较小，在过渡区界面受力时产生微裂缝的趋势减少[41]，有助于改善再生混凝土性能。还有虽然再生骨料生产过程中由于强度比天然岩石低，会产生较多微裂缝，对混凝土强度非常不利，但这些微裂缝会吸入新的水泥颗粒和粉煤灰颗粒，这些微颗粒水化后的水化产物对微裂缝有填充强化愈合作用，弱化了微裂缝对混凝土强度的不利影响，对提高再生混凝土性能有重要的作用。

由于以上因素的综合作用，改善了道面再生混凝土的各项性能，通过本节微观分析研究，也印证了以上因素的作用，印证了前面各章对道面再生混凝土性能研究的结论。

第6章 道面再生混凝土应用与评价

通过前面对机场道面再生骨料性能和机场道面再生混凝土工作性的研究，表明再生骨料孔隙多、吸水率大，且大部分水分是在半小时内吸收的，新拌再生混凝土的工作性在1h内有较大损失，不同于天然骨料混凝土，针对此特点，必须通过现场应用研究，总结与其相适应的施工技术及要求。另外，一种材料的推广应用与其技术经济性和对环境的影响密切相关，道面再生混凝土的技术经济性问题是将其推向应用的一个关键问题。道面再生混凝土，与传统普通道面混凝土相比，其性能较好，并充分利用废弃建筑垃圾、工业废渣——粉煤灰，解决了废弃物对环境的影响，减少了处理垃圾和废渣的费用，可以说道面再生混凝土是一种可持续发展的绿色环保混凝土，解决了机场建设中存在的问题，代表了机场道面混凝土的发展方向，具有显著的军事、经济和社会环保效益。但道面再生混凝土的技术经济性和环境效益具体如何，还没有一个直观定量的结论，有必要进行分析评价，消除再生混凝土性能差、费用高的传统看法，为在军用机场道面工程中推广应用道面再生混凝土消除思想上的障碍和提供技术上的支持。

6.1 现场应用情况

6.1.1 工程应用实例

2007年以来，某空军空防工程处在空军XN、HZ、ZY、CS等机场，结合翻建施工，采用道面再生混凝土铺筑试验段，设计强度均为5.0MPa，下面对XN、HZ机场应用情况简要介绍如下。

1. XN机场应用情况

在空军XN机场备用跑道道面施工中，把拆除的部分机场旧道面混凝土就地破碎、筛分、清洗，生产再生骨料，即Z1，再生骨料各项指标见第2章，其他材料如下：

（1）水泥。采用42.5R旋窑SL牌散装P.Ⅱ型硅酸盐水泥，基本性能指标如表6-1所列。

表 6-1 水泥基本性能指标

细度 80μm 筛余量/%	标准稠度需水量/%	凝结时间		安定性	抗折强度/MPa		抗压强度/MPa	
		初凝	终凝		3 天	28 天	3 天	28 天
3.2	26.5	3.0h	3.9h	沸煮合格	6.1	8.1	27.4	49.2

(2) 细骨料。采用 XN 当地河砂，细度模数为 2.88，Ⅱ区中砂，表观密度为 $2630kg/m^3$，堆积密度为 $1610kg/m^3$，含泥量为 0.5%，有机物含量检验合格。

(3) 外加剂。采用 FDN-5 高效减水剂，建议掺量为水泥材料用量的 1.0%~1.8%，专业测定结果一等品。

(4) 粉煤灰。当地电厂生产，细度（0.045mm 方孔筛筛余量）为 17.17%，需水量为 103%，烧失量为 2.66%，含水量为 0.20%，三氧化硫含量为 1.38%，为Ⅱ级灰。

在实验室配合比的基础上，结合现场材料指标，经过现场试拌调整，最终确定的施工配合比如表 6-2 所列，Vb=10s。

表 6-2 XN 机场施工道面再生混凝土配合比

$1m^3$混凝土材料用量/kg	水泥	水	砂子	粗骨料	粉煤灰	外加剂	砂率
	300	154	647	1107	100	2	33%

利用表 6-2 配合比配制再生混凝土，铺筑机场备用跑道桩号 0+076~0+640 段，共 $10000m^2$，施工现场所配制的再生混凝土和易性好，易于铺筑。图 6-1 为空军 XN 机场现场施工情况。

(a) 旧道面解体

(b) 生产再生骨料

(c) 混合料摊铺　(d) 混合料振捣

(e) 做面　(f) 切缝

(g) 养护　(h) 成品

图 6-1　空军 XN 机场现场施工情况

2. HZ 机场应用情况

在空军 HZ 机场翻修工程中，也利用拆除的机场旧道面混凝土，生产再生骨料，各项材料性能指标如下：

（1）再生骨料。5~20mm，20~40mm 二级配，级配比例为 40：60，级配合格，密度为 2.45g/cm^3，堆积密度为 1350kg/m^3。

（2）水泥。采用 42.5 旋窑 T 牌散装 P.O 型硅酸盐水泥，基本性能指标如表 6-3 所列。

表 6-3　水泥基本性能指标

细度 80μm 筛余量/%	标准稠度需水量/%	凝结时间		安定性	抗折强度/MPa		抗压强度/MPa	
		初凝	终凝		3 天	28 天	3 天	28 天
2.9	27.8	2.4h	3.5h	沸煮合格	5.2	8.4	26.6	53.6

（3）细骨料。采用 HZ 当地河砂，细度模数为 2.81，Ⅱ区中砂，表观密度为 2610kg/m^3，堆积密度为 1590kg/m^3，含泥量为 0.3%，有机物含量检验合格。

（4）外加剂。采用 FDN-5 高效减水剂，建议掺量为水泥材料用量的 1.0%~1.8%，专业测定结果一等品。

（5）粉煤灰。当地电厂产品，细度（0.045mm 方孔筛筛余量）为 19.31%，需水量为 105%，烧失量为 3.79%，含水量为 0.40%，为Ⅱ级灰。

在实验室配合比的基础上，结合现场材料指标，经过现场试拌调整，最终确定的施工配合比如表 6-4 所列，Vb=10s。

表 6-4　HZ 机场施工道面再生混凝土配合比

1m^{3}混凝土材料用量/kg	水泥	水	砂子	粗骨料	粉煤灰	外加剂	砂率
	310	159	656.5	1097	100	2	36%

利用表 6-4 配合比配制再生混凝土 1700m^3，用于拖机道道面的施工，共铺筑道面 6500m^2。施工现场所配制的再生混凝土和易性好，易于铺筑。

6.1.2　现场工程质量

根据相关设计与施工规程要求[129,176]，对 XN、HZ 机场道面再生混凝土现场试验段进行了检验。检验结果如下：

1. XN 机场

原材料（水泥、再生骨料、粉煤灰、外加剂等）检测项目 9 个，全部符合要求。

再生混凝土强度试验共现场取样 20 组，其中 28 天抗折强度平均值为 5.86MPa，最大值为 6.91MPa，最小值为 5.57MPa；28 天抗压强度平均值为 40.8MPa，最大值为 42.9MPa，最小值为 38.2MPa，全部符合规范及设计要求。

试验段质量检验评定全部优良。共检测保证项目 10 项，全部符合规范及设计要求；允许偏差项目检测了平整度、粗糙度、高程、邻板高差等 11 个项目，实测 714 点，其中合格 700 点，合格率为 98%，符合规范及设计要求。

2. HZ 机场

原材料（水泥、再生骨料、粉煤灰、外加剂等）检测项目 9 个，全部符合要求。

再生混凝土强度试验共现场取样 12 组，其中 28 天抗折强度平均值为 5.96MPa，最大值为 6.87MPa，最小值为 5.49MPa；28 天抗压强度平均值为 45.8MPa，最大值为 48.9MPa，最小值为 43.2MPa，全部符合规范及设计要求。

试验段质量检验评定全部优良。共检测保证项目 10 项，全部符合规范及设计要求；允许偏差项目检测了平整度、粗糙度、高程、邻板高差等 11 个项目，实测 420 点，其中合格 407 点，合格率为 97%，符合规范及设计要求。

从后期道面使用情况看，以上两个机场的再生混凝土道面已投入使用 5 年，通过回访调查，没有出现表面剥落、掉边掉角、龟裂断板等破坏现象，道面状况良好。

6.2 施工技术

机场混凝土道面结构是暴露在大气环境下承受机轮荷载作用的薄层板块，道面混凝土除了必须满足强度、长期性能和耐久性能等的要求外，还应满足飞行安全对道面表面的特殊要求，表现为接触机轮的道面表面必须是平而不滑。现行质量检查评定标准对道面表面的平整度、邻板差、粗糙度等作了规定，并提出了相应的检测方法，再生混凝土道面施工时也必须满足这一规定。道面混凝土的施工环境是露天作业，操作过程对环境（特别是气温、风）的敏感性远高于其他结构混凝土。机场道面再生混凝土工作性及其经时损失的研究表明再生骨料孔隙多、吸水率大，且大部分水分是在半小时内吸收的，新拌再生混凝土的工作性在 1h 内有较大损失，不同于天然骨料混凝土，对环境更加敏感，针对此特点，必须通过现场应用研究，总结与其相适应的施工技术及要求。

再生混凝土道面施工与天然骨料混凝土道面施工，除了再生混凝土道面施工多了用旧道面生产再生骨料的工序，再生骨料的生产在第 2 章已经介绍，这里不再重复，其他工序基本相同[178]，如图 6-2 所示。

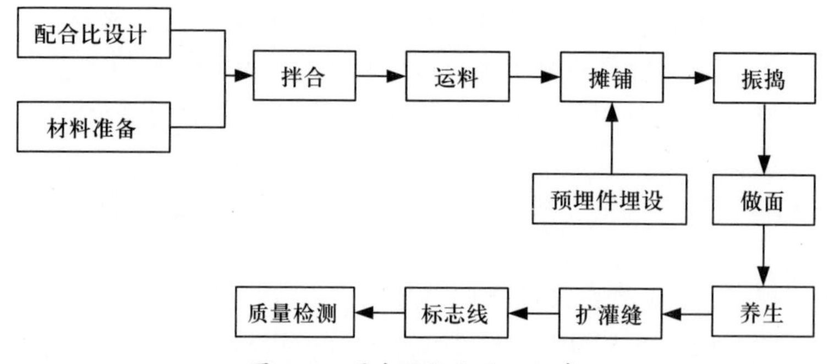

图 6-2　再生混凝土施工程序

但由于再生骨料不同于天然骨料，具有表面粗糙、棱角多、孔隙多、吸水率大等特点，具体工艺流程和技术要求不完全同于天然骨料混凝土，主要针对不同的方面，道面再生混凝土施工工艺流程与注意事项简述如下。

6.2.1　配合比设计

参照第 3 章方法进行。配合比的调整不仅应考虑施工性能，还应考虑气候因素的影响。当温度高、风大或混凝土板厚度小于 20cm 时，宜选用流动性较大的配合比；反之，应选用流动性较小的配合比。

6.2.2　材料准备

除了再生骨料，其他材料也应根据施工进度计划准备好，并对各项指标进行检验，满足标准要求方可使用。

6.2.3　混凝土的拌制

为了保证混凝土配合比的准确性，应准确称量各种材料，各种材料误差应符合表 6-5 规定。道面再生混凝土搅拌时间不能超过规定时间的 2 倍，这与天然骨料道面混凝土的要求是不同的，主要原因再生骨料有砂浆等软弱成分，生产过程中容易产生裂缝，为避免过长的搅拌时间对再生骨料形成损伤，改变再生骨料粒径与级配，导致混凝土离析，对道面再生混凝土性能产生不利影响。

表 6-5　投料的允许偏差

混凝土材料	允许偏差/%
水泥、粉煤灰	±1
水	±1

续表

混凝土材料	允许偏差/%
砂、石料	±3
外加剂溶液	±1

6.2.4 混合料运输

应合理调配车辆，使拌和、运输和铺筑紧密衔接，搅拌机站不积料。运输宜采用自卸汽车，如果运距大于3km时，宜采用混凝土搅拌罐车运输，运输过程中应采取保证措施，避免混合料漏浆、离析。运至施工地点进行浇筑时卸料高度不得超过1.5m，超过时，应加设溜槽，以防混凝土离析，如有明显离析现象，应在摊铺前重新拌匀。运输车工作一段时间或车厢出现“黏浆”现象时，应及时用压力水冲洗干净。若遇大风、高温天气，运输时应采取覆盖措施，防止新拌道面再生混凝土水分损失过大。

6.2.5 摊铺与振捣

摊铺之前应复验模板高程，位置是否准确、牢固，堵塞漏洞，防止漏浆。铺筑后筑板的最早时间（按两侧先筑板最后完成的时间起算），应符合表6-6的规定。由于再生骨料生产过程中有裂缝，会对强度有不利影响，因此摊铺后筑板的最早时间比天然骨料道面混凝土相关规定稍长[129]。

表6-6 摊铺后筑板的最早时间

昼间平均气温/℃	摊铺后筑板的最早时间/天
5~10	7
10~15	6
15~20	5
20~25	4
>25	3

混凝土拌和物从搅拌机出料至摊铺的允许最长时间，应由工地实验室根据混凝土坍落度损失及施工时的气温与风力确定，不应超过表6-7的规定。由于再生骨料吸水率大，道面再生混凝土工作性经时损失稍大，因此道面再生混凝土拌和物从搅拌机出料至现场铺筑允许时间比天然骨料道面混凝土相关规定稍短[129]。

表 6-7 混凝土从搅拌机出料至现场铺筑允许最长时间

施工气温/℃	允许最长时间/min
5~10	90
10~20	60
20~30	45
30~35	30

采用人工与机械相互配合摊铺，控制好虚铺厚度，摊铺后用多棒式混凝土振捣机振捣，在边角部位用插入式振捣器加强振捣，时间以骨料停止下沉，表面不再冒气泡并泛出均匀水泥浆为准，且不宜过振。振动后用行夯、滚筒或三辊整平机提浆整平，辅以人工挖凸填凹找平。

6.2.6 做面与抗滑处理

由于再生骨料表面粗糙、棱角多、孔隙多、吸水率大，道面再生混凝土工作性损失快，表面较粗糙，道面抹面时机与抹面遍数与普通道面混凝土有差异，施工中应抓紧时间尽早抹面，并适当增加抹面次数。抹面后在混凝土终凝前尽早进行拉毛、拉槽等施工，施工中注意掌握拉毛的时机，根据再生混凝土工作性经时损失大的特点，拉毛的时间比普通道面混凝土提前 1~2h；同时，拉毛应选用较普通道面混凝土拉毛用毛刷软一些的毛刷，其力度也适当放轻，因为粉煤灰掺入以后，混凝土和易性好，易出浆，表面浆层均匀柔和，便于拉毛。

6.2.7 养护

由本书 4.5 节研究可知，道面再生混凝土各龄期干燥收缩均比同配比天然骨料混凝土大，在施工中应尽早潮湿养护，避免产生收缩裂缝。由于掺加了粉煤灰，因此潮湿养护时间不得少于 14 天，以 28 天为宜。

其他切缝、扩灌缝、标志线施工与天然骨料混凝土道面施工相同，高温、低温、风天、雨天施工应满足规范相关要求。

6.3 技术经济性评价

6.3.1 评价方法

单纯用价格或经济收益来评价道面再生混凝土的合理性与可行性，往往会忽略所达到的优良性能，这样的评价不全面。一般地，要用成本收益比来分析投入与收益的对比关系，才能正确、全面地评价利弊和经济效果，对于道面再生混凝土，投入主要指混凝土成本，收益主要指混凝土性能能否优于传统普通道面混凝土、能否满足规范与设计要求。

评价材料的技术经济性，有很多方法，常用的一种是功效系数法，所谓功效系数是指测评产品某项性能指标优劣的量值，以最大者为优，小者为劣，功效系数法在土木工程、企业管理、制药、金融等均有应用，实际应用效果较好[179-183]。因此，本书采用功效系数法来综合评价道面再生混凝土的技术经济性。

功效系数分单项和多项两种，单项功效系数 d_i（$0\leqslant d_i\leqslant 1$）的确定办法如下：用 $d_i=1$ 表示第 i 个指标的效果最好，相应地，对同列其他指标的取值做归一化处理，计算各自的功效系数。多项功效系数 d 表示 n 个指标总的优劣情况，等于各单项指标各自的功效系数 d_i（$i=1，2，\cdots，n$）的几何求积[179]，即按下式计算：

$$d = \sqrt[n]{d_1 d_2 \cdots d_n} \tag{6-1}$$

因此，可以分别求出道面混凝土的技术功效系数 d_t 和经济功效系数 d_e：

$$d_t = \sqrt[n]{d_{t1} d_{t2} \cdots d_{tn}} \tag{6-2}$$

$$d_e = \sqrt[n]{d_{e1} d_{e2} \cdots d_{en}} \tag{6-3}$$

则其技术经济功效系数 d_{te}：

$$d_{te} = \sqrt{d_t d_e} \tag{6-4}$$

研究取道面混凝土的抗折强度、疲劳寿命、抗冻性、抗渗性、耐磨性和干燥收缩性能 6 项指标作为技术性能指标，单方混凝土成本作为经济指标，对道面再生混凝土和普通道面混凝土的技术经济性进行分析。其中，各项指标中技术功效系数以性能最优值为 1，经济功效系数以费用最少的为 1，其余值相应做归一化处理，得出技术功效系数和经济功效系数，进而得出技术经济功效系数，评价道面再生混凝土的技术经济性。

6.3.2 技术功效系数

根据第 3、4 章的研究结果，考虑到结果的可比性，选取普通道面混凝土 P 和水胶比相同的用再生骨料 Z1、Z2 配制的道面再生混凝土的相关研究结果进行分析，分别对道面再生混凝土和普通道面混凝土的6项技术指标进行汇总计算技术功效系数，结果如表6-8所列。

表6-8　道面混凝土技术功效系数计算结果

混凝土类型	单项技术功效系数 d_{ti}						技术功效系数 d_t
	抗折强度 d_{t1}	疲劳寿命 d_{t2}	抗冻性 d_{t3}	抗渗性 d_{t4}	耐磨性 d_{t5}	干燥收缩 d_{t6}	
普通道面混凝土	0.94	0.76	0.69	0.46	0.79	0.85	0.73
道面再生混凝土	1	1	1	1	1	1	1

注：道面再生混凝土的各项指标均取相关平均值，其中抗冻性以冻融次数为准，抗渗性取静水压力和氯离子渗透指标技术功效系数的平均值，耐磨性以耐磨度为准

从表6-8可以看出，道面再生混凝土的技术功效系数高于普通道面混凝土，为普通道面混凝土的1.4倍，可见道面再生混凝土的性能比普通道面混凝土有很大的提高，这主要是由道面再生混凝土优异的力学性能和耐久性能决定的，可以说是高性能道面再生混凝土。高性能道面混凝土的重要特征是具有高抗折强度，并可产生显著的技术效益和经济效益[134]。

（1）提高道面承载力，增加强度储备，可以适应比设计飞机荷载大的机型使用，部分解决因飞机发展而需要加盖道面的问题。以道面板厚度为24cm为例，某飞机荷载在道面板中的计算应力为2.5MPa，另一新型飞机正常起飞重量的计算应力为2.76MPa。当混凝土的计算抗折强度为4.5MPa时，混凝土计算疲劳抗折强度为2.5MPa，道面只能供第一种飞机使用，当混凝土的计算抗折强度提高到5MPa时，相应疲劳强度为2.78MPa，道面可供新型飞机使用，而不需加盖道面。所以使用高抗折强度的高性能道面混凝土可以显著提高道面的承载能力，有效增加机场道面的强度储备。

（2）延长道面使用寿命。混凝土道面的疲劳方程表明，混凝土的抗折强度变化与道面容许的标准轴载作用次数成正比，在相同的板厚下，弯拉强度越高，能承受的轴载作用次数就越多。提高混凝土的抗折强度，道面能够承受的累计作用次数增加，可以大大延长道面板的使用寿命，并对混凝土的耐久性、耐磨性、抗冻性等耐久性能的提高有利，可以得到成倍的提高，道面可以抵抗气候和环境的长期破坏作用，延长道面使用寿命。耐久性提高可减少维修次数

和后续使用维护工作，可以大大节省因为机场道面破坏所花费的巨额维修费用，使全寿命费用降低，这对于发展“低维护、长寿命”的机场道面有利，具有重要的军事、经济和社会意义。

6.3.3 经济功效系数

道面再生混凝土与普通道面混凝土的经济功效系数的比较主要通过单方混凝土造价进行，依据现行规范[184,185]，人工、燃料等相关可变费用参照目前市场价作调整，参考现场应用情况，首先对用机场旧道面板生产再生骨料成本进行分析计算，包括再生骨料生产、装运至料场，结果如表 6-9 所列。

表 6-9　生产 100m^{3}再生骨料费用分析

编号	项目	单位	数量	单价/元	合价/元
1	人工				
1.1	人工	工日	20.80	100.00	2080.00
2	机械				
2.1	装载机装废弃混凝土	台班	0.43	868.74	373.56
2.2	8t 自卸汽车配合装载机运废弃混凝土	台班	1.39	550.95	765.82
2.3	PFY-1210 反击式破碎机	台班	1.50	1145.56	1718.34
2.4	装载机装再生骨料	台班	0.18	868.74	156.37
2.5	8t 自卸汽车配合装载机运再生骨料	台班	1.11	550.95	611.55
直接费合计					5705.65
管理费（10%）					570.56
税金（3.41%）					194.56
合计					6470.78

表 6-9 中所列费用为用旧道面板生产 100m^{3}再生骨料的费用，可以算得在工地现场生产再生骨料每立方米综合单价为 64.7 元。而目前机场道面混凝土施工用天然岩石碎石从生产厂运至工地，每立方米价格普遍在 100 元以上，有些地方碎石开采难度大、运输距离远，甚至达到 150 元以上，比再生骨料价格更高，在这里取 120 元，则再生骨料与天然骨料价格相差 55.3 元。

再对道面再生混凝土和普通道面混凝土的每立方米价格进行分析，由于除材料费以外的其他费用基本相同，因此只对每立方米混凝土的材料费进行分析，每立方米混凝土材料用量，依照前面试验配合比确定，材料价格参照目前市场价格，结果如表 6-10 所列，并计算经济功效系数，一并列入表 6-10。

表 6-10 道面再生混凝土和普通道面混凝土材料费用分析

混凝土组成材料	单价	道面再生混凝土		普通道面混凝土	
		材料用量	合计/元	材料用量	合计/元
水泥	400 元/t	300kg	120	320kg	128
粉煤灰	150 元/t	100kg	15		
砂	100 元/m^3	0.43m^3	43	0.39m^3	39
天然骨料	120 元/m^3			0.85m^3	102
再生骨料	64.7 元/m^3	0.79m^3	51.11		
外加剂	6 元/kg	2kg	12		
每立方米混凝土材料费合计		241.11		269	
经济功效系数 d_e		1		0.90	

注：表中砂石体积均为堆积体积

由表 6-10 可知，每立方米道面再生混凝土材料费用比普通道面混凝土少 27.89 元，若与掺加了粉煤灰、外加剂的同配比天然骨料混凝土相比，将少更多。通常，建设一个机场约需要 10 万 m^3混凝土材料，其中混凝土骨料占 75%以上，一个机场全部翻修所产生的旧道面混凝土废料也约有 10 万 m^3，现场应用表明再生骨料生产率 70%左右，则可生产再生骨料约 7 万 m^3，基本能够满足需求，则一个机场混凝土材料费用即可节约 100000×27.89=278.9 万元。全军每年都有 5 个以上军用机场需要翻修、扩建，按此计算，每年可节约近 1500 万元，经济效益明显，这只是直接效益。

间接效益也很明显，应用道面再生混凝土减少了开山采石，保护了自然资源，循环利用再生材料既减少了对自然环境的破坏和资源消耗，又避免了废弃旧道面的运输和处理带来的高额费用，还充分利用了工业废渣——粉煤灰，避免其对环境的污染和产生的处理费用，而且开采天然骨料和处理废弃旧道面对自然环境的破坏是难以用金钱来衡量和弥补的。

6.3.4 技术经济功效系数

综合表 6-8 和表 6-10 的结果，对道面再生混凝土与普通道面混凝土的技术功效系数和经济功效系数进行汇总，并计算技术经济功效系数，结果如表6-11 所列。

表 6-11　道面再生混凝土和普通道面混凝土技术经济功效系数

混凝土类型	道面再生混凝土	普通道面混凝土
技术功效系数 d_t	1	0.73
经济功效系数 d_e	1	0.90
技术经济功效系数 d_{te}	1	0.81

由表 6-11 可知，道面再生混凝土与普通道面混凝土相比，技术功效系数 d_t、经济功效系数 d_e 和技术经济功效系数 d_{te} 都明显大于后者。无论是单纯的成本造价，还是成本收益比，道面再生混凝土较普通道面混凝土都有较大的优势，具有明显的技术经济效益。

6.4　环境评价

如前所述，再生混凝土充分利用了废弃建筑垃圾中的混凝土，完全满足联合国提出的“绿色”的三大含义：①节约资源、能源；②不破坏环境，更应有利于环境；③可持续发展，保证人类后代能健康、幸福地生活下去。因此，可以说，建筑工业材料重新使用的可能性方面，再生混凝土的研究应用开辟了一个全新的领域，是社会努力可持续发展方面的一个重要突破，它是一种可持续发展的绿色环保混凝土。对其进行环境评价，尹健、姚武、万惠文等人进行了研究分析[186-188]，本书参考姚武、万惠文等人的方法，从资源消耗、能量消耗和二氧化碳排放量三个方面进行道面再生混凝土的环境评价。对于混凝土的天然资源消耗、能量消耗和二氧化碳排放量，姚武、万惠文等人进行了系统分析计算[186-188]，得出配制 $1m^3$ 混凝土（混凝土配合比如表 6-12 所列，砂子为天然砂）所消耗的天然资源、能量消耗和二氧化碳排放量，如表 6-13～表 6-15 所列。

表 6-12　分析用混凝土配合比

$1m^3$ 混凝土材料用量/kg	水泥	水	砂子	石子
	350	170	682	1078

表 6-13　配制 $1m^3$ 混凝土所消耗的资源（kg）

项目	石灰石（生产水泥）	黏土（生产水泥）	铁粉（生产水泥）	岩石（生产集料）
用天然原料	372	62	18.5	1800
用废弃混凝土作再生粗集料	372	62	18.5	682

表 6-14　配制 $1m^3$ 混凝土所消耗的能源

项目	生产水泥	生产集料
用天然原料	42.0kW · h 电+1004MJ 煤	25.2kW · h 电
用废弃混凝土作再生粗集料	42.0kW · h 电+1004MJ 煤	24.6kW · h 电

表 6-15　配制 $1m^3$ 混凝土所排放的 CO_2 量（kg）

项目	生产水泥	生产集料	合计
用天然原料	254.0	6.2	260.2
用废弃混凝土作再生粗集料	254.0	6.2	260.2

选取前面试验研究所用道面混凝土 P 和用再生骨料 Z1 配制的道面再生混凝土进行评价分析，配合比如表 6-16 所列。

表 6-16　道面混凝土配合比

混凝土类型	$1m^3$ 混凝土材料用量/kg				
	水泥	水	砂子	石子	粉煤灰
P	320	144	586	1430	
Z1	300	154	694	1110	100

依据表 6-12～表 6-15 数据，对普通道面混凝土和道面再生混凝土的天然资源消耗、能量消耗和二氧化碳排放量进行计算，结果如表 6-17～表 6-19 所列，由于粉煤灰为工业废渣，不需要消耗额外的资源、能量，不会排放额外的二氧化碳。

表 6-17　配制 $1m^3$ 道面混凝土所消耗的天然资源（kg）

混凝土类型	石灰石（生产水泥）	黏土（生产水泥）	铁粉（生产水泥）	岩石（生产集料）
P	340.1（100%）	56.7（100%）	16.9（100%）	2069（100%）
Z1	318.9（94%）	53.1（94%）	15.9（94%）	694（34%）
注：表中数据后括号内百分数表示消耗资源的对比，下同				

由表 6-17 可知，配制 $1m^3$ 混凝土所消耗的资源，与普通道面混凝土相比，用废弃旧道面混凝土作再生粗骨料配制道面再生混凝土，可节省 6%的用来生产水泥的石灰石、黏土和铁粉，节省 66%的天然岩石资源，可有效降低天然岩石开采，减少对环境的破坏。

表 6-18　配制 $1m^3$ 道面混凝土所消耗的能源

混凝土类型	生产水泥过程消耗	生产集料过程消耗
P	38.4kW·h 电+917.9MJ 煤（100%）	29.0kW·h 电（100%）
Z1	36.0kW·h 电+860.6MJ 煤（94%）	24.7kW·h 电（85%）

由表 6-18 可知，生产 $1m^3$ 混凝土所消耗的大致能量，普通道面混凝土和道面再生混凝土，总的来说，能耗相差并不大，生产水泥过程中节省了 6%的电和煤，生产集料过程中节省了 15%的电，主要原因是道面再生混凝土用了占胶凝材料总量 20%~30%的工业废渣——粉煤灰，降低了混凝土中集料量，从而降低了生产集料消耗的能源，减少对环境的影响。

表 6-19　配制 $1m^3$ 道面混凝土所排放的 CO_2 量（kg）

混凝土类型	生产水泥过程排放	生产集料过程排放	合计
P	232.2	7.1	239.3（100%）
Z1	217.7	6.2	223.9（94%）

由表 6-19 可知，用废弃旧道面混凝土作再生粗骨料配制道面再生混凝土，生产 $1m^3$ 混凝土所排放的 CO_2 量降低了 6%，有利于节能减排。

综上所述，当利用废弃旧道面混凝土作再生骨料配制道面再生混凝土时，与普通道面混凝土相比，可以有效降低天然资源消耗、能量消耗和二氧化碳排放量，道面再生混凝土是一种绿色环保混凝土，有利于保护自然资源和环境，符合国家可持续发展战略要求。

参考文献

[1] Marsh E. Civil infrastructure systems materials research support at the National Science Foundation [J]. Cement and Concrete Composite, 2003, 25 (6): 575-586.

[2] Hendrik G. Van Oss. U. S. geological survey mineral commodity summaries [R]. Denver: 2011, 11.

[3] 内维尔. 混凝土的性能 [M]. 刘数华, 冷发光, 李新宇, 等译. 北京: 中国建筑工业出版社, 2011.

[4] Mehta P K. Reducing the environmental impact of concrete [J]. Concrete International, 2001 (10): 61-66.

[5] 库马·梅泰. 混凝土微观结构、性能与材料 [M]. 覃维祖, 王栋民, 丁建彤, 译. 北京: 中国电力出版社, 2008.

[6] 吴中伟, 廉慧珍. 高性能混凝土 [M]. 北京: 中国铁道出版社, 1998.

[7] 杜婷, 李惠强, 覃亚伟, 等. 再生混凝土未来发展的探讨 [J]. 混凝土, 2002 (4): 44, 49, 50.

[8] 郭远臣, 王雪. 建筑垃圾资源化与再生混凝土 [M]. 南京: 东南大学出版社, 2015.

[9] Federal Highway Administration. Transportation applications of recycled concretc aggregate [R]. Washington: 2004.

[10] 冯乃谦, 张智峰, 马骁. 生态环境与混凝土技术 [J]. 混凝土, 2005 (3): 3-8.

[11] Abbas A, Fathifazl G, Isgor O B, et al. Environmental benefits of green concrete [C]. Ottawa, Ontario: Climate Change Conference, 2006.

[12] Levy S M, Helene P. Durability of recycled aggregates concrete: a safe way to sustainable development [J]. Cement and Concrete Research, 2004, 34 (11): 1975-1980.

[13] 刘数华, 冷发光. 再生混凝土技术 [M]. 北京: 中国建材工业出版社, 2007.

[14] 蔡良才, 吴永根, 刘庆涛, 等. 机场道面再生混凝土配制与应用研究 [J]. 空军工程大学学报(自然科学版), 2009, 10 (5): 1-4.

[15] 翁兴中, 蔡良才. 机场道面设计 [M]. 北京: 人民交通出版社, 2007.

[16] 刘庆涛, 岑国平, 蔡良才, 等. 机场道面再生混凝土的性能与应用 [J]. 中南大学学报 (自然科学版), 2012, 43 (8): 3263-3269.

[17] Hansen T C. Recycling of demolished concrete and masonry [C]. E&FN Spon: RILEM Report of Technical Committee 37-DRC Demolition and Reuse of Concrete, 1992.

[18] Alexander S. Brand , Jeffrey R. Roesler , Andres Salas. Initial moisture and effects on higher quality recycled coarse aggravate concrete [J] . Construction and Building Materials, 2015, 79: 83-89.

[19] Eduardus A B. Koendersa, Marco Pepe, Enzo Martinelli. Compressive strength and hydration processes of concrete with recycled aggregates [J]. Cement and Concrete Research, 2014, 56: 203-212.

[20] Niro D, Dolara E G, Cairns R. Properties of hardened RCA for structural purposes [C]. Sustainable Construction: Use of Recycled Concrete Aggregate. London: 1998, 177-187.

[21] Shayan A, Morris H. A Comparison of RTA T363 and ASTM C1260 accelerated mortar bar test for detecting reactive aggregate [J]. Cement and Concrete Research, 2001 (31): 665-670.

[22] Dolara E G, Di Niro, Cairns R. RAC prestressed beams [C]. London: Sustainable Construction: Use of Recycled Concrete Aggregate, 1998.

[23] 赵俊，钟世云，王小冬. 建筑垃圾的减量化与资源化 [J]. 粉煤灰，2001 (2): 3-6.

[24] 罗蓉，冯光乐，凌天清. 再生水泥混凝土研究综述 [J]. 中外公路，2003 (4): 83-86.

[25] Wojakowski J B, Fager G A, Catron M A. Recycling of portland cement concrete pavement [R]. FHWA-KS-95/3, Kansas Department of Transportation, Topeka, Kans, 1995.

[26] Chini A, Kuo S. Guidelines and specifications for the use of reclaimed aggregates in pavement [R]. Report No. BA509 Florida Department of Transportation, Gainesville, FL, 1998.

[27] Saraf C L, Majidzadeh K. Utilization of recycled PCC aggregates for use in rigid and flexible pavements [R]. FHWA-OH-95/025, Ohio Department of Transportation, Columbus, Ohio, 1995.

[28] Movassaghi R. Durability of reinforced recycled concrete incorporating as aggregate (RCA) [D]. Waterloo, Ontario, Canada: University of Waterloo, 2006.

[29] Fathifazl G. Structural performance of steel reinforced recycled concrete members [D]. Ottawa, Ontario, Canada: Carleton University, 2008.

[30] Gluzhge P J. The work of scientific research institute [C].. Russian: Gidrotekhnicheskoye Stroitel' stvo, April 1946.

[31] Buck A D. Recycled concrete as a source of aggregate [C]. Canmet, Ottawa: Proceeding of Symposium, Energy and Resource Conservation in the Cement and Concrete Industry, 1976.

[32] Sagoe-Crentsil K K, Brown T, Taylor A H. Performance of concrete made with commercially produced coarse recycled concrete aggregate [J]. Cement and Concrete Research, May 2001 (31): 707-712.

[33] Kasai Y. Guidelines and the present state of the reuse of demolished concrete in Japan [M]. London: Lauritzen, E. K., (Ed), E & FN Spon 1994.

[34] 陈亮，陈忠范. 再生混凝土现状 [J]. 混凝土，2009 (10): 116-119.

[35] 地震灾区建筑垃圾处理技术导则 [S]. 北京：中华人民共和国住房和城乡建设部，2008.

[36] 杜江涛. 再生混凝土单轴受力应力-应变关系试验与数值模拟 [D]. 上海：同济大学，2008.

[37] 赵伟. 绿色高强高性能再生混凝土试验研究 [D]. 武汉：武汉大学，2004.

[38] 肖开涛. 再生混凝土的性能及其改性研究 [D]. 武汉：武汉理工大学，2004.

[39] 王娟. 再生混凝土力学性能和抗冻耐久性试验研究 [D]. 郑州：郑州大学，2005.

[40] 伍超. 公路路面再生混凝土试验研究 [D]. 成都：西南交通大学，2005.

[41] 李占印. 再生骨料混凝土性能的试验研究 [D]. 西安：西安建筑科技大学，2003.

[42] 王莉莉. 建筑废料再生混凝土的试验研究 [D]. 西安：西北工业大学，2004.

[43] 刘庆涛，岑国平，蔡良才，等. 机场道面再生混凝土的抗冻性能及机理 [J]. 华中科技大学学报(自然科学版)，2011，39 (12): 128-132.

[44] 刘庆涛，岑国平，王硕太. 机场道面再生混凝土研究应用现状与发展 [J]. 路基工程，2011 (2): 38-40.

[45] 陈伟伟. 再生混凝土粘结性能试验研究 [D]. 哈尔滨：哈尔滨工业大学，2007.

[46] Oikonomou N D. Recycled concrete aggregates [J]. Cement & Concrete Composites, 2005 (27): 315-318.

[47] Shawna Bohan, Redmann Mahoney. Recycled concrete aggregates rise to the occasion [J]. Concrete Technology, 2010, 1 (1): 72-77.

[48] Mohamed Hameed, Abdol R. Chini. Impact of transportation on cost and energy for recycled concrete aggregate [R]. Gainesville, Florida: University of Florida, 2009.

[49] Fouad M, Halaf K, Alan S. DeVenny. Recycling of demolished masonry rubble as coarse aggregate in concrete: review [J]. Journal of Materials in Civil Engineering ©asce. July/August 2004 (16): 331-340.

[50] Limbachiya M C, Koulouris A, Roberts J J, et al. Performance of recycled aggregate concretet [C]. Japan: RILEM International Symposium on Environment-Conscious Materials and Systems for Sustainable Developmen, 2004.

[51] Mostafa T, Parviz S. Drying shrinkage behavior of recycled aggregate concrete [J]. Concrete International. 1996 (11): 58-61.

[52] Hasaba S, Kawamura M, Kazuyuki T. Drying shrinkage and durability of the concrete made of recycled concrete aggregate [J]. Transaction of the Japan Concrete Institute, 1981 (3): 55-60.

[53] Ravindrarajah R S, Tam C T. Properties of concrete made with crushed concrete as coarse aggregate [J]. Magazine of Concrete Research, 1985, 37 (130): 29-38.

[54] Eguchi K, Teranishi K, Narikawa M. Study on mechanism of drying shrinkage and water loss of recycled aggregate concrete [J]. Journal of Structural and Construction Engineering, 2003 (573): 1-7.

[55] Hansen T C, Borgh. Elasticity and drying shrinkage of recycled aggregate concrete [J]. ACI Journal, 1985, 82 (5): 648-652.

[56] Ravindrarajah R S, Loo Y H, Tam C T. Recycled concrete as fine and coarse aggregate in concrete [J]. Magazine of Concrete Research, 1987, 39 (141): 214-220.

[57] Khatib J M, Mangat P S. Properties of concrete containing fine recycled aggregate [J]. Cement and Concrete Research, 2005, 35 (4): 763-769.

[58] Nobuaki O, Miyazato S, Wanchai Y. Influence of recycled aggregate on interfacial transition zone, strength, chloride penetration and carbonation of concrete [J]. Journal of Transportation Engineering © ASCE. September/October 2003: 443-451.

[59] Ryu J S. Improvement on strength and impermeability of recycled concrete made from crushed concrete coarse aggregate [J]. Journal of Materials Science Letters, 2002, 21 (10): 1565-1567.

[60] Poon C S, Shui Z H, Lam L. Effect of microstructure of ITZ on compressive strength of concrete prepared with recycled aggregates [J]. Construction and Building Materials, 2004 (18): 461-468.

[61] Salem R M , Burdette E G, Jackson N M. Resistance to freezing and thawing of recycled aggregate concrete [J]. ACI Materials Journal, 2003, 100 (3): 216-220.

[62] Salem R M. Strength and durability characteristics of recycled aggregate concrete [D]. Knoxville: the University of Tennesee, 1996.

[63] Salem R M, Burdette E G. Role of chemical and mineral admixtures on physical properties and frost-resistance of recycled aggregate concrete [J]. ACI Materials Journal, 1998, 95 (5): 558-563.

[64] Roumiana Z, Francois B, et al. Frost resistance of recycled aggregate concrete [J]. Cement and Concrete Research, 2004, 34 (10): 1927-1932.

[65] Oliveira M B, Vazquez E. The influence of restained moisture in aggregates from recycling on the properties

of new hardened concrete [J]. Waste Management, 1996, 16 (1): 113-117.

[66] Dhir R K, Limbachiya M C. Suitability of recycled aggregate for use in bs 5328 designated mixes [J]. Proceedings of the Institution of Civil Engineers, 1999, 134 (3): 257-274.

[67] B. C. S. J. Study on recycled aggregate and recycled aggregate concrete [J]. Concrete Journal, 1978, 16 (7): 18-31.

[68] Parekh D N, Modhera C D. Assessment of recycled aggregate concrete [J]. Journal of Engineering Research and Studies, January-March, 2011 (2): 1-9.

[69] José M V, Gómez - S. Relationship between aas adsorption and the shrinkage and creep of recycled aggregate concrete [J]. Cement, Concrete and Aggregates, 2003, 125 (2): 42-48.

[70] Gomez-S, Jose M V. Porosity of recycled concrete with substitution of recycled concrete aggregate: an experimental study [J]. Cement and Concrete Research, August 2002, (32): 1301-1311.

[71] Tam V W Y, Wang K, Tam C M. Ways to facilitate the use of recycled aggregate concrete [J]. Proceedings of the Institution of Civil Engineers, 2007 (8): 125-129.

[72] Jeffrey R, Huntley J G. Performance of L-57 recycled concrete pavement [R]. Urbana-Champaign: University of Illinois, 2009.

[73] Taesoon P. Application of construction and building debris as base and subbase materials in rigid pavement [J]. Journal of Transportation Engineering © Asce. September/October 2003: 558-563.

[74] Kuo S-S. Use of recycled concrete made with florida limestone aggregate for a base course in flexible pavement [R]. Florida: University of Central Florida, 2001.

[75] Kuo S-S, Mahgoub H S, Nazef A. Investigation of recycled concrete made with limestone aggregate for a base course in flexible pavement [J]. Transportation Research Record, 2002, 1787 (1): 99-108.

[76] Khaled S, Raymond J K. Fatigue behaviorof fiber-reinforced recycled aggregate base course [J]. Journal of Materials in Civil Engineering, 1999, 11 (5): 124-130.

[77] 张亚梅，秦鸿根，孙伟，等. 再生混凝土配合比设计初探 [J]. 混凝土与水泥制品，2002 (1): 7-9.

[78] 史巍，侯景鹏. 再生混凝土技术及其配合比设计方法 [J]. 建筑技术开发，2001 (8): 18-20.

[79] 曾力，赵伟. 再生粗骨料混凝土强度公式研究 [J]. 混凝土，2009 (5): 80-82.

[80] 吴瑾，蒋业浩，王浩. 再生混凝土配合比设计试验研究 [J]. 低温建筑技术开发，2009 (2): 13-15.

[81] 彭小芹，黄滔，王开宇，等. 再生混凝土配合比设计优化——嵌挤骨架密实法 [J]. 土木建筑与环境工程，2009, 31 (3): 124-129.

[82] 肖建庄，杜江涛. 不同再生粗集料混凝土单轴受压应力-应变全曲线 [J]. 建筑材料学报，2008, 11 (1): 111-115.

[83] 肖建庄，雷斌，袁飚. 不同再生粗集料混凝土劈裂抗拉强度分布特征 [J]. 建筑材料学报，2008, 11 (2): 223-229.

[84] 李佳彬. 再生混凝土基本力学性能研究 [D]. 上海：同济大学，2004.

[85] 肖建庄，兰阳. 再生混凝土单轴受拉性能试验研究 [J]. 建筑材料学报，2006, 9 (2): 154-158.

[86] 肖建庄，李佳彬. 再生混凝土强度指标之间的换算关系的研究 [J]. 建筑材料学报，2005, 8 (2): 197-201.

[87] 肖建庄，李佳彬，孙振平. 回弹法检测再生混凝土抗压强度研究［J］. 四川建筑科学研究，2004，30（4）：51-54.
[88] 李佳彬，肖建庄，黄健. 再生骨料取代率对混凝土抗压强度的影响［J］. 建筑材料学报，2006，9（3）：297-301.
[89] 金莉. 再生混凝土力学性能试验研究［J］. 新型建筑材料，2006，33（7）：11-13.
[90] 李旭平. 再生混凝土的长期力学性能试验研究［J］. 工业建筑，2008，38（10）：80-84，14.
[91] 卢鹏程. 再生混凝土的抗压强度特征［J］. 混凝土，2004（7）：34-36.
[92] 邓旭华. 水灰比对再生混凝土强度影响的试验研究［J］. 混凝土，2005（2）：46-48.
[93] 孙成城，袁东，宋建学. 二次搅拌工艺对再生混凝土强度的影响研究［J］. 混凝土，2008（6）：125-128.
[94] 刘数华. 高性能再生骨料混凝土试验研究［J］. 沈阳建筑大学学报（自然科学版），2009，25（2）：262-266.
[95] 崔正龙，北噪政文，田中礼治. 固体废弃物再生骨料混凝土的耐久性试验研究［J］. 硅酸盐通报，2009，28（5）：1042-1045.
[96] 肖建庄，雷斌. 再生混凝土耐久性能研究［J］. 混凝土，2008（5）：83-89.
[97] 陈爱玖，章青，王静，等. 再生混凝土冻融循环试验与损伤模型研究［J］. 工程力学，2009，26（11）：102-107.
[98] 王立久，汪振双，崔正龙. 再生混凝土抗冻耐久性试验及寿命预测［J］. 混凝土与水泥制品，2009（4）：6-8.
[99] 叶禾. 高品质再生骨料混凝土的力学性能和耐久性试验研究［J］. 四川建筑科学研究，2004，35（5）：195-199.
[100] 覃银辉，邓寿昌，张学兵，等. 再生混凝土的抗冻性能研究［J］. 混凝土，2005（12）：49-52.
[101] 朱映波. 再生混凝土的耐久性及其改善措施［J］. 混凝土，2004（7）：31-33.
[102] 张景琦，张健，杜俊. 高性能再生混凝土氯离子渗透性实验研究［J］. 商品混凝土，2009（3）：24-27，31.
[103] 陈爱玖，王静，章青. 再生粗骨料混凝土抗冻耐久性试验研究［J］. 新型建筑材料，2008（12）：1-5.
[104] 杜婷，李惠强，郭太平，等. 再生骨料混凝土的抗氯离子渗透性试验研究［J］. 武汉理工大学学报，2006，28（5）：33-36.
[105] 张李黎，柳炳康，胡波. 再生混凝土抗渗性试验研究［J］. 合肥工业大学学报（自然科学版），2009，32（4）：508-510，527.
[106] 曹勇，柳炳康，夏琴. 再生混凝土的干燥收缩试验研究［J］. 工程与建设，2009，23（1）：47-49.
[107] 季天剑，王辉，陈荣生. 再生水泥混凝土疲劳性能［J］. 交通运输工程学报，2002，2（2）：16-18.
[108] 高启聚，丛林，郭忠印. 废弃水泥混凝土路面板在路面基层中的再生利用［J］. 公路交通科技，2008，25（2）：20-23.
[109] 王军龙，赵景民. 二灰稳定再生混凝土集料在道路基层中的应用［J］. 中外公路，2009，29（1）：234-238.
[110] 王军龙，肖建庄. 二灰稳定再生集料的劈裂试验研究［J］. 公路，2005（12）：161-165.

[111] 张超，丁纪忠，郭金胜. 废弃水泥混凝土再生集料在半刚性基层中的应用 [J]. 长安大学学报 (自然科学版)，2002，22 (5)：1-4.
[112] 张超. 废弃混凝土路面板在道路改建中的再利用 [J]. 交通运输工程学报，2003，3 (4)：5-9.
[113] 朱海. 道路重建翻新工程中的路面再生技术 [J]. 施工技术，2006，35 (1)：83-84.
[114] 李福海，叶跃忠，赵人达. 再生集料混凝土微观结构分析 [J]. 混凝土，2008 (5)：30-33.
[115] 杜婷. 高性能再生混凝土微观结构及性能试验研究 [D]. 武汉：华中科技大学，2006.
[116] 张金喜，张建华，邬长森. 再生混凝土性能和孔结构的研究 [J]. 建筑材料学报，2006，9 (2)：142-147.
[117] Nixon P J. Recycled concrete as an aggregate for concrete—A review [J]. Materials and Structure, 1978, 11 (6): 371-378.
[118] 叶孝恒. 再生混凝土的基本力学性能 [J]. 西部探矿工程，2006 (1)：223-225.
[119] 朋改非，沈大钦，朱海英，等. 同配比条件下再生混凝土与基准混凝土的力学性能比较研究 [J]. 混凝土，2006 (2)：34-38.
[120] Kawamura M et al. Reuse of recycled concrete aggregate for pavement [C]. Tokyo, Japan: Proceedings of the Second International RILEM Symposium on Demolition and Reuse of Concrete and Masonry, 1988: 726-735.
[121] Ikeda T, Yamane S. Strength of concrete containing recycled aggregate [C]. Tokyo, Japan: Proceedings of the Second International RILEM Symposium on Demolition and Reuse of Concrete and Masonry, 1988: 585-594.
[122] Shuaib H A, Danial G. Fisher, Kim W. Sackett. Properties of concrete made with north carolina recycled coarse and fine aggregates [R]. Department of Civil Engineering North Carolina State University, 1996.
[123] 刘庆涛，王硕太，孔祥海，等. 机场道面混凝土耐久性研究 [J]. 混凝土，2007 (6)：13-15.
[124] 杜婷. 建筑垃圾再生混凝土性能及强化试验研究 [D]. 武汉：华中科技大学，2001.
[125] 孙跃东，肖建庄. 再生混凝土骨料 [J]. 混凝土，2004 (6)：33-36.
[126] 屈志中. 钢筋混凝土破坏及其利用技术的新动向 [J]. 建筑技术，2001 (2)：102-104.
[127] 李志利. 简述各类破碎机的性能及应用特点 [J]. 砖瓦，2003 (1)：21-23.
[128] 湖南大学，天津大学，同济大学，等. 土木工程材料 [M]. 北京：中国建筑工业出版社，2011.
[129] 中国人民解放军总后勤部. GJB 1112A—2004 军用机场场道工程施工及验收规范 [S]. 北京：中国人民解放军总后勤部，2004.
[130] Hansen T D, Narud H. Strength of recycled aggregate concrete made from crushed concrete coarse aggregate [J]. Concrete International, January, 1983: 79-83.
[131] Narud H. Technical report 110/82, building materials laboratory [R]. Technical University of Denmark, 1982.
[132] 中华人民共和国质量监督检验检疫总局. GB/T 25177—2010 混凝土用再生粗骨料 [S]. 北京：中国标准出版社，2010.
[133] 中华人民共和国住房和城乡建设部. JGJ/T 240—2011 再生骨料应用技术规程 [S]. 北京：中国建筑工业出版社，2011.
[134] 马国靖，王硕太，吴永根，等. 高性能道面混凝土 [J]. 混凝土，2000 (6)：3-6，21.
[135] 中国人民解放军总后勤部. GJB 1578—1992 机场道面水泥混凝土配合比设计技术标准 [S]. 北

京：中国人民解放军总后勤部，1992.
[136] 王硕太，马国靖，朱志远，等. 高性能道面混凝土配合比设计 [J]. 公路交通科技，2007 (4)：25-28.
[137] 冯乃谦，刑峰. 高性能混凝土技术 [M]. 北京：原子能出版社，2002.
[138] 马国靖，王硕太，刘晓军. 粉煤灰道面混凝土配合比设计 [J]. 混凝土，1995 (6)：38-44.
[139] 中华人民共和国住房和城乡建设部. JGJ55—2011 普通混凝土配合比设计规程 [S]. 北京：中国建筑工业出版社，2011.
[140] 黄士元，蒋家奋. 近代混凝土技术 [M]. 西安：陕西科学技术出版社，1998.
[141] Pigeon M, Plean R. Durability of concrete in cold climates [M]. Imprint of Chapman and Hall, 1997.
[142] 吴中伟. 混凝土的耐久性问题 [J]. 混凝土及建筑构件，1982 (2)：2-10.
[143] 中华人民共和国建设部. GB/T 50080—2002 普通混凝土拌合物性能试验方法标准 [S]. 北京：中国建筑工业出版社，2002.
[144] 中华人民共和国建设部. GB/T 50081—2002 普通混凝土力学性能试验方法标准 [S]. 北京：中国建筑工业出版社，2002.
[145] 黄士元. 21 世纪初期我国混凝土技术发展中的几个重要问题 [J]. 混凝土，2002 (3)：3-7.
[146] 姚卫星. 结构疲劳寿命分析 [M]. 北京：国防工业出版社，2003.
[147] 吴永根，马国靖，蔡良才，等. 自密实道面混凝土弯曲疲劳特性 [J]. 混凝土，2005 (1)：40-42.
[148] 杨锡武，梁富权. 养生条件对半刚性路面基层收缩特性的影响研究 [J]. 重庆交通学院学报，1995 (3)：53-56.
[149] 黄国兴，惠荣炎，王军秀. 混凝土的徐变与收缩 [M]. 北京：中国电力出版社，2012.
[150] 中华人民共和国住房和城乡建设部. GB/T 50082—2009 普通混凝土长期性能和耐久性能试验方法标准 [S]. 北京：中国建筑工业出版社，2010.
[151] 刘庆涛，岑国平，吴和盛，等. 机道面再生混凝土干燥收缩性能研究与应用 [J]. 四川建筑科学研究，2013，39 (1)：174-177.
[152] 杨长辉，王川，吴芳，等. 混凝土干燥收缩预测及变形计算 [J]. 重庆建筑大学学报，2003，25 (3)：100-105.
[153] American Society for Testing and Materials. ASTM C 1202-05, Standard test method for electrical indication of concrete's ability to resist chloride ion penetration [S]. West Conshohocken: ASTM International, 2005.
[154] Box G P, Bbhnken D W. Some vew three level design for the study of quantitative bariables [J]. Technometrics, 1960 (2): 456-475.
[155] Montgomery D C. Design and ananlysis of experiments [M]. New York: John Wiley, 1984.
[156] 朱会霞，孙金旭. Nisin 液体发酵工艺条件的响应面分析优化 [J]. 中国乳品工业，2009，37 (8)：31-35.
[157] Ambati P, Ayyanna C. Optimizing medium constituents and fermentation conditions for citric acid production from palmyra jaggery using response surface method [J]. World Journal of Microbiology&Biotechnology, 2001, 17 (4): 331-335.
[158] ZHANG Yun jian, LI Qiang, ZHANG Yu xiu, et al. Optimization of succinic acid fermentation with

actinobacillus succinogenes by response surface methodology (RSM) [J]. Journal of Zhejiang University-SCIENCE B (Biomedicine & Biotechnology), 2012, 13 (2): 103-110.

[159] 朱龙英，朱德帅. 基于响应曲面法的新型阻尼器特性分析 [J]. 科学技术与工程，2012，12 (34): 9167-9172.

[160] 张庆峰，郑朝蕾，何祖威，等. 基于响应曲面法的汽油替代混合物辛烷值的预测 [J]. 内燃机学报，2011，29 (5): 427-430.

[161] 张瑜，张换换，李志洲. 红毛丹果皮中原花青素提取及其抗氧化性 [J]. 食品研究与开发，2011，32 (1): 188-192.

[162] 刘洪久，胡彦蓉，Robert R，等. 响应曲面法在现金流预测中的应用 [J]. 统计与决策，2012 (23): 74-75.

[163] 中华人民共和国国家技术监督局. GB/T 16925—1997 混凝土及其制品耐磨性试验方法（滚珠轴承法）[S]. 北京：中国标准出版社，1997.

[164] 刘崇熙，汪在芹. 坝工混凝土耐久寿命的衰变规律 [J]. 长江科学院院报，2000，17 (2): 18-21.

[165] Powers T C. A working hypothesis for further studies of frost resistance of concrete [J]. ACI Journal, Proceedings, February 1945 (41): 245-272.

[166] Powers T C. Voids spacing as a basis for producing air-entrained concrete [J]. ACI Journal, Proc 1954 (50): 741-760.

[167] Powers T C. The air requirement of frost resistant concrete [J]. Proceedings, Highway Research Board, 1949 (29): 184-211.

[168] Powers T C, Helmuth R A. Theory of volume changes in hardened portland cement paste during freezing [J]. Proceedings, Highway Research Board, 1953 (32): 285-297.

[169] Powers T C. Resistance of concrete to frost at early ages [C]. Copenhagen, Denmark: Proceedings of the RILEM Symposium: wintering concreting, 1956.

[170] 李金玉，邓正刚，曹建国，等. 混凝土抗冻性的定量化设计. 北京：中国建筑工业出版社，2000.

[171] 李金玉，曹建国. 水工混凝土耐久性的研究与应用 [M]. 北京：中国电力出版社，2004.

[172] American Society for Testing and Materials. ASTM C 457-98, Standard Test Method for Microscopical Determination of Parameters of the Air-Void Content and Parameters of the Air-Void System in Hardened Concrete [S]. West Conshohocken: ASTM International, 1998.

[173] 许丽萍，吴学礼，黄士元. 抗冻混凝土的设计 [J]. 上海建材学院学报，1993 (2): 112-123.

[174] 吴学礼，杨全兵，朱蓓蓉，等. 混凝土抗冻性的评估 [J]. 混凝土，1999 (6): 21-23.

[175] 中华人民共和国交通部. JTG F30—2003 公路水泥混凝土路面施工技术规范 [S]. 北京：人民交通出版社，2003.

[176] 张德思，成秀珍. 硬化混凝土气孔参数的研究 [J]. 西北工业大学学报，2002，20 (1): 10-13.

[177] 中国人民解放军总后勤部. GJB 1278A—2009 军用机场水泥混凝土道面设计规范 [S]. 北京：中国人民解放军总后勤部，2009.

[178] 黄灿华，刘晓军. 机场施工与管理 [M]. 北京：人民交通出版社，2002.

[179] 蔡正咏，王足献. 正交设计在混凝土中的应用 [M]. 北京：中国建筑工业出版社，1985.

[180] 邱建华，谢永江，李化建，等. 环氧树脂灌浆材料的制备及其性能研究 [J]. 新型建筑材料，2010 (10)：62-65.
[181] 何霞，杨韦生，曹大富. 再生混凝土基于抗碳化性能的配合比设计研究 [J]. 混凝土与水泥制品，2011 (6)：12-15.
[182] 黄辉. 功效系数法在制药类企业财务预警中的应用 [J]. 现代财经，2003，23 (4)：40-43.
[183] 刘晓欣，任建华. 基于功效系数法的商业银行财务效率评价 [J]. 现代管理科学，2010 (4)：23-25.
[184] 空军后勤部. 空军机场工程预算定额（报批稿）[S]. 北京：空军后勤部，2012.
[185] 中华人民共和国交通部. JTGT B06-03—2007 公路工程机械台班费用定额 [S]. 北京：人民交通出版社，2007.
[186] 尹健，邹伟，池漪. 高性能再生混凝土环境协调性评价 [J]. 铁道科学与工程学报，2011，8 (5)：19-25.
[187] 姚武. 绿色混凝土 [M]. 北京：化学工业出版社，2006.
[188] 万惠文，水中和，林宗寿，等. 再生混凝土的环境评价 [J]. 武汉理工大学学报，2003，25 (4)：17-20.

内容简介

本书主要论述机场道面再生骨料生产与性能、道面再生混凝土配制与性能。全书分为6章：第1章为绪论；第2章介绍了机场道面再生骨料的性能；第3章介绍了道面再生混凝土的配制；第4章介绍了道面再生混凝土的性能；第5章介绍了道面再生混凝土结构与机理分析；第6章介绍了道面再生混凝土应用与评价。

本书可供从事公路路面工程和机场道面工程设计、施工的工程技术人员学习参考，也可供相关专业本科生参考。

This book contains the production and properties of recycled aggregate for airfield pavement, as well as making and properties of recycled concrete for airfield pavement. There are six chapters in this book: Chapter 1 is introduction; Chapter 2 introduces the production and properties of recycled aggregate for airfield pavement; Chapter 3 introduces the making of recycled concrete for airfield pavement; Chapter 4 introduces the properties of recycled concrete for airfield pavement; Chapter 5 introduces the microstructure and mechanism analyse of recycled concrete for pavement; Chapter 6 introduces the application and evaluation of recycled concrete for pavement.

This book will be of particular value to engineers in pavement of highway and airfield, and also be a reference for undergraduates engaged on related field study.